· 网络空间安全技术丛书 ·

基于数据科学的恶意软件分析

MALWARE
DATA
SCIENCE
Attack Detection and Attribution

[美] 约书亚·萨克斯 希拉里·桑德斯 著 何能强 严寒冰 译
(Joshua Saxe) (Hillary Sanders)

机械工业出版社
China Machine Press

图书在版编目（CIP）数据

基于数据科学的恶意软件分析 /（美）约书亚·萨克斯，（美）希拉里·桑德斯著；何能强，严寒冰译 . —北京：机械工业出版社，2020.2（2022.11 重印）

（网络空间安全技术丛书）

书名原文：Malware Data Science

ISBN 978-7-111-64652-5

I. 基… II. ①约… ②希… ③何… ④严… III. 计算机网络 - 安全技术 - 研究 IV. TP393.08

中国版本图书馆 CIP 数据核字（2020）第 015083 号

北京市版权局著作权合同登记 图字：01-2019-5028 号。

基于数据科学的恶意软件分析

出版发行：机械工业出版社（北京市西城区百万庄大街 22 号 邮政编码：100037）			
责任编辑：梁华杰		责任校对：李秋荣	
印　　刷：北京捷迅佳彩印刷有限公司		版　　次：2022 年 11 月第 1 版第 2 次印刷	
开　　本：186mm×240mm　1/16		印　　张：15.5	
书　　号：ISBN 978-7-111-64652-5		定　　价：79.00 元	

客服电话：（010）88361066　68326294

译 者 序

为什么要翻译 *Malware Data Science* 这本书？

在读完本书的英文版之后，我这么问自己，是什么驱使我翻译了这本书呢？总结起来有以下三个方面的原因：

首先，这本书的内容同时覆盖恶意软件和数据科学这两个方面，主题非常新颖，目前国内还没有出版过这两方面相结合的技术书籍。因此，我认为这本书有着很大的参考价值，将它翻译成中文，可以帮助国内读者系统、全面地学习如何利用数据科学的方法来分析恶意软件。

其次，这本书的两位作者都是在一线从事恶意软件数据分析工作的数据科学家，书中的内容是两位作者根据他们日常的实践工作总结出来的，其中全面介绍了恶意软件的动静态分析方法，对恶意软件之间进行关联分析的可视化方法，以及利用机器学习和深度学习方法构建实际的恶意软件检测器等内容。全书既有关于恶意软件的理论知识，也有结合丰富实际案例的实践内容，我读后收获颇丰。

最后，我所从事的就是恶意软件的治理工作，在恶意软件的分析工作方面也有多年的实践经验，对这个领域非常熟悉，在翻译原书的过程中能较为准确地把握专业内容的中文表述，希望能够通过翻译这本书为国内从事恶意软件治理工作的同行提供有益的参考。

目前，恶意软件的治理工作面临巨大的挑战，互联网上每年出现在 PC 端的恶意软件有上千万个，移动端的恶意软件也有数百万个，并且还在继续快速增长。如何对数量庞大的恶意软件进行分析，提取关键信息，确定恶意软件之间的关联关系，最终梳理出攻击团伙的线索，是恶意软件治理的从业者需要思索并试图解决的难题。

近年来，随着互联网上数据规模的急速增长，机器学习、深度学习等数据科学技术在实践中得到了迅猛发展，出现了 TensorFlow、Keras、PyTorch 等数据科学实用工具，大大降低了在实际工作中应用数据科学技术的门槛。这使得应用数据科学技术成为大规模恶意软件分析的一条可行途径。

然而，在恶意软件分析这个专业性很强的领域应用数据科学绝非易事。如何构造适合于恶意软件的特征空间？如何建立恶意软件分析所使用的数学模型？如何对数据科学方法的作用进行评价？在应用数据科学技术对恶意软件进行分析时，这些都是需要认真考虑的优化问题，我在解决这些问题的过程中就走过一些弯路。而这些问题的答案很多都可以在这本书中找到，本书能够帮助你搭建知识框架，起到入门作用。

未来，相信在更多的专业领域都会应用数据科学技术。回想起我的模式识别课程老师曾说过，万物皆可分类，通过在事物之间寻找差异性、总结差异性、分解差异性，就可以探究事物的本质。借助数字化的处理，我们可以通过机器完成分类，通过不断的训练来优化模型，提高分类的准确性，这是非常有趣的过程，希望这本书能够激发出你的灵感。

由于知识、能力、时间有限，本书的翻译难免会有疏漏和不合理的地方，欢迎读者批评指正，也希望同行能给予宝贵的建议。如果你有任何疑问或者批评建议，可以发送邮件到 malwr_data_science@qq.com 邮箱给我们反馈。

在本书的翻译过程中，得到了机械工业出版社电工电子分社的张俊红副社长和本书编辑的大力支持，感谢他们的指导和审校工作，他们的专业性使得本书的质量得以保证。感谢我的领导严寒冰主任支持我开展基于机器学习的恶意软件检测工作，并与我一同完成了本书的翻译工作。感谢我的家人让我有精力在业余时间进行翻译工作。最后，谨以此书献给我刚满周岁的女儿文新，希望她"读万卷书，行万里路"，在成长的过程中不断丰富生命的模型，健康快乐地成长！

何能强

2019 年 10 月

序

　　祝贺你选择本书。你正在为自己成长为一名网络安全专家准备必需的技能。在本书中，你不仅会读到将数据科学应用于恶意软件分析的精彩介绍，还有你需要熟练掌握的必要技能和工具。

　　目前网络安全领域的工作岗位远远多于合格的人选，所以好消息是网络安全还是一个适合涉足的领域。坏消息是要保持最新状态所需的技能在快速变化。通常情况下，需求是发明的动力。随着对熟练网络安全专业人士的需求远远超过目前所能供应的，数据科学算法正通过提供有关网络威胁的新见解和预测来填补这一鸿沟。随着数据科学越来越多地被用于在 TB 级数据中发现威胁模式，传统的监控网络数据模型正在迅速过时。值得庆幸的是，监控报警屏幕与监控停车场的视频监控系统一样令人兴奋。

　　那么，数据科学究竟是什么？它如何应用于安全？正如你将在本书前言中看到的，应用于安全领域的数据科学是使用机器学习、数据挖掘和数据可视化等技术来检测发现网络威胁的艺术和科学。虽然你会发现很多来自市场驱动的关于机器学习和人工智能的夸大其词，但事实上，这些技术确实已经在当前的网络安全产品中得到了很好的应用。

　　例如，在当前恶意软件检测的场景中，无论是恶意软件的制作规模还是攻击者在修改恶意软件特征方面的成本，都使得基于特征的恶意软件检测方法已经过时了。相反，反病毒公司现在正在训练神经网络或其他类型的机器学习算法，使用庞大的恶意软件数据集来让这些模型和算法学习它们的特征，这样就可以在不必天天更新模型算法的情况下实现新型恶意软件变种的检测。通过结合基于特征检测和机器学习检测两方面的技术方法，就可以同时覆盖已知和未知恶意软件的检测范围。本书的两位作者 Josh 和 Hillary 都是这方面的专家，他们都有丰富的经验。

　　但是，恶意软件检测只是数据科学的一个用例。事实上，当我们要在网络空间中发现威胁时，老练的攻击者通常是不会遗留下可执行程序文件的。相反，他们会利用已有的软件进行初始访问，通过漏洞利用获得的用户权限，然后使用系统工具从一台机器跳转到下一台机器。从攻击的角度来看，这种方法不会留下反病毒软件能检测到的恶意软件等工具。但是，一个好的终端日志系统或终端检测和响应（EDR）系统会捕获系统级行为日志并将日志发送到云端，分析师可以从云端尝试拼接还原入侵者的数字足迹。这种需要梳理海量数据流并不断寻找入侵模式的过程是非常适合使用数据科学来解决的问题，特别是使用统计算法的数据挖掘技术和数据可视化技术来实现。未来你可以看到越来越多的安全运营中心（SOC）采用数据挖掘和人工智能技术。这确实是剖析海量系统事件数据集来识别实际攻击的唯一方法。

　　网络安全正在经历技术和运营的巨大转变，而数据科学正在引领这个转变。我们很幸运，有像 Joshua Saxe 和 Hillary Sanders 这样的专家，他们不仅与我们分享他们的专业知识，并且以这样一种引人入胜的、易于理解的方式进行分享。这是你了解他们知识经验的机会，同时也是将这些知识应用到自身工作中的机会，这样你就可以领先于技术的变革和那些你有责任打败的攻击者。

Anup K. Ghosh 博士，Invincea 公司创始人

于美国华盛顿特区

前　言

如果你是在网络安全领域工作，你很可能比以往更多地使用了数据科学，即使你可能还没有意识到这一点。例如，你的反病毒产品使用数据科学算法来检测恶意软件。你的防火墙供应商可能利用数据科学算法来检测可疑的网络行为。你的安全信息和事件管理（SIEM）软件很可能使用数据科学来识别数据中的可疑趋势。不管是不是明显，整个安全产业正在越来越多地将数据科学应用于安全产品中。

高级 IT 安全专业人员正在将他们自己定制的机器学习算法集成到他们的工作流程中。例如，在最近的会议报告和新闻文章中，Target 百货公司、万事达（Mastercard）和富国银行（Wells Fargo）的安全分析师都讲述了开发定制化的数据科学技术，并将其作为安全工作的一部分。[⊖]如果你还没有赶上数据科学的潮流，那么现在就是将数据科学纳入你的安全实践来提升能力的最佳时机。

什么是数据科学

数据科学是一个不断增长的算法工具集合，它可以让我们通过使用统计学、数学和巧妙的统计数据可视化技术来理解和预测数据。虽然有更具体的定义，但一般来说，数据科学有三个组成部分：机器学习、数据挖掘和数据可视化。

在网络安全的场景下，机器学习算法通过学习训练数据来检测新的安全威胁。这些方法已经被证明可以检测出那些能被基于特征的传统检测技术检测出的恶意软件。数据

⊖　Target 百货公司（https://www.rsaconference.com/events/us17/agenda/sessions/6662-applied-machine-learning-defeating-modern-malicious）、万事达（https://blogs.wsj.com/cio/2017/11/15/artificial-intelligence-transforms-hacker-arsenal/）和富国银行（https://blogs.wsj.com/cio/2017/11/16/the-morning-download-first-ai-powered-cyberattacks-are-detected/）。——译者注

挖掘算法通过搜索安全数据来找出一些有趣的模式（例如，有威胁的攻击者之间的关系），这些模式可能有助于我们辨别针对自身组织的攻击活动。最后，数据可视化技术将枯燥无味的表格数据转换成图像的形式，帮助人们轻松发现有趣和可疑的趋势。我将在本书中深入讨论这三方面的技术内容，并向你展示如何使用它们。

为什么数据科学对安全性至关重要

数据科学对网络安全的未来至关重要，原因有三个：首先，安全总是与数据相关。当我们试图检测网络威胁时，我们就是在对文件、日志、网络数据包和其他结构形式的数据进行分析。传统的网络安全专家不会针对这些数据源，使用数据科学技术来进行检测。相反，他们使用文件哈希值、自定义的检测规则（如特征）和自定义的启发式方法。尽管这些技术有其优点，但是针对每一种类型的攻击，都需要人为参与的技术，这就需要太多的人为工作来跟上不断变化的网络威胁形势。近年来，数据科学技术在提升我们检测网络威胁的能力方面变得至关重要。

其次，数据科学对网络安全很重要，因为互联网上的网络攻击数量急剧增长。我们以地下黑产中的恶意软件增长情况为例。2008 年，在安全社区中所知道的恶意可执行软件大约有 100 万种。2012 年，这个数字达到了 1 亿。2018 年，安全社区已知的恶意可执行软件数量已经超过 7 亿（https://www.av-test.org/en/statistics/malware/），而且这个数字可能还会继续增长。

由于恶意软件的数量庞大，基于特征的手动检测技术已不再是能检测出所有网络攻击的合理方法。由于数据科学技术使得检测网络攻击的大部分工作自动化，并大大减少了检测这些攻击所需使用的内存，因此随着网络威胁的增长，它们在保护网络和用户方面有着巨大的潜力。

最后，无论是在安全行业的内部还是外部，数据科学是这十年的技术趋势，而且很可能在未来十年仍是如此，因此数据科学对网络安全至关重要。事实上，在任何地方都可能看到数据科学的应用，如个人语音助手（亚马逊 Echo、苹果 Siri 和谷歌 Home）、自动驾驶汽车、广告推荐系统、网页搜索引擎、医学图像分析系统和健身跟踪应用程序等。

我们可以预期数据科学驱动的系统会对法律服务、教育和其他领域产生重大影响。

由于数据科学已成为整个技术领域的关键推动因素，大学、大公司（谷歌、Facebook、微软和IBM）和政府正在投资数十亿美元来改进数据科学工具。感谢这些投资，使得数据科学工具将更适用于解决攻击检测的难题。

将数据科学应用于恶意软件

本书侧重于将数据科学应用于恶意软件，我们将恶意软件定义成为达成恶意目的而编写的可执行程序，因为恶意软件仍然是威胁发动者在网络中获得攻击立足点的主要手段，并以此实现他们的后续目的。例如，在近年来出现的勒索软件灾难中，攻击者通常向用户发送带有恶意附件的电子邮件，使得勒索软件的可执行文件（恶意软件）被下载到用户的计算机上，然后就对用户的数据进行加密，并要求用户支付赎金来解密数据。尽管一些老练的攻击者有时为逃避恶意软件检测系统的监视而不使用恶意软件，但是在目前的网络攻击中，恶意软件仍然是攻击者主要应用的技术。

本书着眼于网络安全领域中数据科学的特定应用，而不是试图广泛地涵盖整个网络安全的数据科学，旨在更全面地展示如何将数据科学技术应用于解决重大的网络安全问题。通过了解基于数据科学的恶意软件分析，我们能够更好地将数据科学应用到其他网络安全领域，比如检测网络攻击、钓鱼邮件或可疑用户行为等。实际上，你在本书中学到的几乎所有技术都不仅适用于恶意软件检测工作，而且适用于构建一般的数据科学检测和智能系统。

本书的目标读者

本书的目标读者是那些有兴趣学习更多关于如何使用数据科学技术解决计算机安全问题的安全专业人士。如果你不了解计算机安全和数据科学，你可能会意识到自己不得不通过查找专业术语来给自己提供一些相关知识，但是你仍然可以顺利地阅读本书。如果你只对数据科学感兴趣，而对计算机安全不感兴趣，那么这本书可能不适合你。

本书的主要内容

本书的第一部分由三章组成，涵盖了理解本书后面讨论恶意软件数据科学技术所必需的基本逆向工程概念。如果你刚接触恶意软件，请先阅读前三章。如果你是恶意软件逆向工程的老手，那么你可以跳过这些章节。

- 第1章　包括用于分析恶意软件文件，并发现它们如何在我们的计算机上实现恶意目的的静态分析技术。
- 第2章　向你简要介绍了x86汇编语言和如何反汇编，以及恶意软件的逆向工程。
- 第3章　通过讨论动态分析，对本书关于逆向工程的内容部分进行总结，其中包括在可控环境中运行恶意软件来了解其恶意行为。

第4章和第5章重点关注恶意软件的关系分析，其中包括查看恶意软件集合之间的相似性和差异性，以识别针对你组织的恶意软件攻击活动，例如由一个网络犯罪团伙控制的勒索软件活动，或针对你的组织进行的有组织有针对性的攻击活动。这些独立章节非常适合那些不仅对恶意软件检测感兴趣，而且还对提取有价值的威胁情报以追踪谁在攻击其网络感兴趣的读者。如果你对威胁情报不太感兴趣而对数据科学驱动的恶意软件检测技术更感兴趣的话，那么你可以安心地跳过这些章节。

- 第4章　展示了如何基于共享的属性来分析和可视化恶意软件，例如恶意软件程序都会请求的主机名。
- 第5章　说明如何识别和可视化恶意软件样本之间的共享代码关系，这可以帮助你识别恶意软件样本集合是否来自一个或者多个犯罪团伙。

接下来的四章涵盖了你需要了解的关于理解、应用和实现基于机器学习的恶意软件检测系统。这些章节的内容还为将机器学习应用于其他网络安全场景提供了基础。

- 第6章　涵盖对基本机器学习概念的容易理解的、直观的且非数学化的介绍。如果你曾学习过机器学习的相关知识，本章将便于你重温这些内容。
- 第7章　展示如何使用基本的统计方法来评价机器学习系统的准确性，以便选择最佳方法。
- 第8章　介绍了可以用来构建自身机器学习系统的开源机器学习工具，并对如何使用这些工具进行了说明。
- 第9章　介绍如何使用Python来对恶意软件威胁数据进行可视化，从而揭示攻击活动和趋势，以及如何在分析安全数据时将数据可视化集成到你的日常工作流程中。

最后三章介绍了深度学习的内容，涉及更多的数学知识，是机器学习的一个高阶领域。深度学习是网络安全数据科学中的一个热门增长领域，这些章节为你提供了充分的入门知识。

- 第 10 章　涵盖了深度学习的基本概念。
- 第 11 章　说明了如何使用开源工具在 Python 中实现基于深度学习的恶意软件检测系统。
- 第 12 章　通过分享成为一名数据科学家的不同途径以及可以帮助你在这个领域取得成功的应有素质来对全书进行总结。
- 附录　描述了本书附带的数据和示例工具实现。

如何使用示例代码和数据

如果一本编程书没有供你使用和扩展的示例代码，那么它就是不完整的。本书每一章都附有示例代码和数据，并在附录中进行了详尽的描述。所有代码都是针对 Linux 环境中的 Python 2.7 版本编写的。要访问这些代码和数据，你可以下载一个 VirtualBox 下的 Linux 虚拟机，里面已经把程序代码、数据和所需开源工具都设置好并准备就绪，然后你就可以在自己的 VirtualBox 环境中运行。你可以从 http://www.malwaredatascience.com/ 或华章公司网站（www.hzbook.com）下载本书附带的数据，也可以从 https://www.virtualbox.org/wiki/Downloads 免费下载 VirtualBox 软件。这些代码已经在 Linux 系统中进行了测试，但是如果你希望在 Linux VirtualBox 虚拟机以外运行的话，同样的代码在 MacOS 上应该可以正常工作，在 Windows 机器上应该也可以正常运行。

如果你希望在自己的 Linux 环境中安装代码和数据，可以从 http://www.malwaredata-science.com/ 或华章公司网站（www.hzbook.com）下载。你将在可下载的归档文件中找到每个章节的目录，在每章的目录中都包含相应代码和数据的 code/ 与 data/ 目录。这些代码文件对应于每一章的代码清单或代码段，对于手头上需要处理的应用程序来说更有意义。一些代码文件与代码清单里的内容完全相同，而另一些代码文件则进行了轻微的修改，以便你可以更容易地使用参数和其他选项。代码目录附带了 pip requirements.txt 文件，其中提供了每章代码运行所依赖的开源库。要在你的机器上安装这些库，只需在每一章的 code/ 目录路径中输入 pip -r requirements.txt 即可。

现在你已经可以访问本书的代码和数据了，让我们开始吧。

致　谢

感谢 No Starch 出版社的 Annie Choi、Laurel Chun 和 Bill Pollock，以及我的编辑 Bart Reed。公正地说，他们应该被视为这本书的合著者。提前感谢负责印刷、运输和销售这本书的工作人员，以及负责其数字存储、转换和渲染的工程师们。感谢 Hillary Sanders 在需要的时候把她非凡的才能带到这个项目中来。感谢 Gabor Szappanos 出色而严格的技术评审。

感谢我两岁的女儿 Maya，我很高兴和她一起分享，她让这个项目大大放慢了速度。感谢 Alen Capalik、Danny Hillis、Chris Greamo、Anup Ghosh 和 Joe Levy 在过去 10 年的指导。非常感谢美国国防高级研究计划局（DARPA）和 Timothy Fraser 对本书大部分内容所基于的研究进行支持。感谢 Mandiant 公司和 Mila Parkour 提供用于本书功能性验证的 APT1 恶意软件样本。非常感谢 Python、NetworkX、matplotlib、numpy、sklearn、Keras、seaborn、pefile、icoutils、malwr.com、CuckooBox、capstone、pandas 和 sqlite 的作者们对安全及数据科学软件的免费和开源所做出的贡献。

万分感谢我的父母，Maryl Gearhart 和 Geoff Saxe，感谢他们给我介绍计算机，感谢他们无限的爱和支持。感谢 Gary Glickman 对我的爱和支持。最后，感谢我的人生伴侣 Ksenya Gurshtein 在这个过程中毫不犹豫地全力支持我。

Joshua Saxe

感谢 Josh 让我参与这本书！感谢我出色的老师 Ani Adhikari。感谢 Jacob Michelini，因为他真的想在书中找到自己的名字。

Hillary Sanders

作者简介

约书亚·萨克斯（Joshua Saxe）是专业安全企业 Sophos 的首席数据科学家，他在 Sophos 公司负责领导一个安全数据科学研究团队。他还是 Sophos 公司基于神经网络的恶意软件检测器的主要发明者，它可以保护数以千万计的 Sophos 客户防范恶意软件。在加入 Sophos 之前，他花了五年时间来管理美国国防高级研究计划局资助的美国政府安全数据研究项目。

希拉里·桑德斯（Hillary Sanders）是 Sophos 公司的高级软件工程师和数据科学家，她在为 Sophos 公司发明和产品化神经网络、机器学习和恶意软件相似性分析安全技术方面发挥了关键作用。在加入 Sophos 之前，希拉里是 Premise 数据公司的数据科学家。她经常在 Black Hat USA 和 BSides Las Vegas 等安全会议上发表演讲。她曾在加州大学伯克利分校学习统计学。

评审专家简介

Gabor Szappanos 毕业于布达佩斯罗兰大学，获得物理学学位。他的第一份工作是在计算机与自动化研究所为核电站开发诊断软件和硬件。Gabor 于 1995 年开始从事反病毒工作，并于 2001 年加入 VirusBuster，负责处理宏病毒和脚本恶意软件；在 2002 年，他成为病毒实验室的负责人。2008 年至 2016 年期间，他是反恶意软件测试标准组织（AMTSO）的董事会成员，于 2012 年加入 Sophos 并担任首席恶意软件研究员。

目　　录

第1章

恶意软件静态分析基础

在本章中，我们将介绍恶意软件静态分析的基础知识。静态分析是对程序文件的反汇编代码、图形图像、可打印字符串和其他磁盘资源进行分析，是一种不需要实际运行程序的逆向工程。虽然静态分析技术有欠缺之处，但是它可以帮助我们理解各种各样的恶意软件。通过细致的逆向工程，你将能够更好地理解恶意软件二进制文件在攻击目标后为攻击者提供的好处，以及攻击者可以隐藏并继续攻击受感染计算机的方式。正如你将看到的，本章结合了描述和实例，每个部分都介绍了静态分析技术，然后说明其在实际分析中的应用。

我将通过描述大多数 Windows 程序所使用的可移植可执行（PE）文件格式来开始本章的内容，然后研究如何使用流行的 Python 库 pefile 来解析实际场景中的恶意软件二进制文件。紧接着，我会描述诸如导入分析、图形图像分析和字符串分析等技术。在所有示例中，我将向你展示如何使用开源工具应用这些分析技术来对实际场景中的恶意软件进行分析。最后，在本章的末尾，我介绍了恶意软件可能会使恶意软件分析师头疼的方法，并讨论了缓解这些问题的一些方法。

你将在本书的数据目录 /ch1 中找到本章示例中使用的恶意软件示例。为了演示本章讨论的技术，我们在演示中使用 ircbot.exe，这是一个互联网中继聊天（Internet Relay Chat，IRC）机器人，也在日常广泛监测中最常见的恶意软件的示例之一。严格来说，当连接到 IRC 服务器时，这个程序被设计常驻在目标计算机上。在 ircbot.exe 控制目标后，攻击者可以通过 IRC 控制目标计算机，执行控制指令，例如打开网络摄像头偷偷捕获视频、提取目标的地理位置和桌面的截图，以及从目标机器中提取相关文件等。在本章中，我将利用静态分析技术揭示这些恶意软件的功能。

1.1　微软 Windows 可移植可执行文件格式

要进行恶意软件静态分析，你需要了解 Windows PE 文件格式，该格式描述了如 .exe、.dll 和 .sys 等当今 Windows 程序文件的结构，并定义了它们存储数据的方式。PE 文件包含 x86 指令、图像和文本等数据，以及程序运行所需的元数据。

PE 格式最初的设计是用来进行下面的操作。

（1）告诉 Windows 如何将程序加载到内存中

PE 格式描述了文件的哪些块应该加载到内存中，以及在哪里加载。它还告诉你，Windows 应该在程序代码里的哪个位置开始执行程序，以及哪些动态链接代码库应该加载到内存中。

（2）为运行程序提供在执行过程中可能使用的媒体（或资源）

这些资源可以包括字符串，如 GUI 对话框或控制台输出的字符串，以及图像或视频。

（3）提供安全数据，例如数字代码签名

Windows 使用这些安全数据来确保代码出自受信任的来源。

PE 格式通过利用图 1-1 中所示的一系列结构来完成以上工作。

如图 1-1 所示，PE 文件格式包括一系列头（header），用来告诉操作系统如何将程序加载到内存中。它还包括一系列节（section）用来包含实际的程序数据。Windows 将这些节加载到内存中，使其在内存中的偏移量与它们在磁盘上的显示位置相对应。让我们从 PE 头开始，来更详细地探讨这个文件结构。我们将略过对 DOS

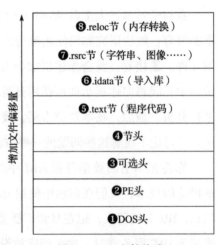

图 1-1　PE 文件格式

头的讨论，这是 20 世纪 80 年代微软 DOS 操作系统的遗留产物，仅仅出于兼容性原因而存在。

1.1.1　PE 头

如图 1-1 底部所示，在 DOS 头 ❶ 的上面是 PE 头 ❷，它定义了程序的一般属性，如二进制代码、图像、压缩数据和其他程序属性。它还告诉我们程序是否是针对 32 位或 64 位系统而设计的。PE 头为恶意软件分析师提供了基本但有用的情景信息。例如，头里包括了时间戳字段，这个字段可以给出恶意软件作者编译文件的时间。通常恶意软件作者会使用伪造的值替换这个字段，但是有时恶意软件作者会忘记替换，就会发生这种情况。

1.1.2　可选头

可选头 ❸ 实际上在今天的 PE 可执行程序中无处不在，恰恰与其名称的含义相反。它定义了 PE 文件中程序入口点的位置，该位置指的是程序加载后运行的第一个指令。它还定义了 Windows 在加载 PE 文件、Windows 子系统、目标程序（例如 Windows GUI 或 Windows 命令行）时加载到内存中的数据大小，以及有关该程序其他的高级详细信息。由于程序的入口点告诉了逆向工程师该从哪里开始进行逆向工程，这个头信息对逆向工程师来说是非常宝贵的。

1.1.3　节头

节（section）头 ❹ 描述了 PE 文件中包含的数据节。PE 文件中的一个节是一块数据，它们在操作系统加载程序时将被映射到内存中，或者包含有关如何将程序加载到内存中的指令。换句话说，一个节是磁盘上的字节序列，它要么成为内存中一串连续字节的字符串，要么告知操作系统关于加载过程的某些方面。

节头还告诉 Windows 应该授予节哪些权限，比如程序在执行时，是否应该可读、可写或可执行。例如，包含 x86 代码的 .text 节通常被标记为可读和可执行的，但是不可写的，以防止程序代码在执行过程中意外修改自身。

图 1-1 描述了许多节，如 .text 和 .rsrc。执行 PE 文件时，它们会被映射到内存中。其他如 .reloc 节的特殊节不会被映射到内存中，我们也将讨论这些节。下面我们来浏览

图 1-1 中显示的节。

1. .text 节

每个 PE 程序在其节头中包含了至少一个标记为可执行的 x86 代码节；这些节几乎总是命名为 .text ❺。在执行第 2 章中的程序反汇编和逆向工程时，我们将反汇编 .text 节中的数据。

2. .idata 节

.idata 节 ❻，也被称为导入节，包含导入地址表（IAT），它列出了动态链接库和它们的函数。IAT 是最重要的 PE 结构之一，在对 PE 二进制文件进行最初的分析时需要查看它，因为它指出了程序所调用的库，然而这些调用反过来又可能会泄露恶意软件的高级功能。

3. 数据节

在 PE 文件结构中的数据节可以包括 .rsrc、.data 和 .rdata 等节，它们存储程序使用的鼠标光标图像、按钮图标、音频和其他媒体等。例如，图 1-1 中的 .rsrc 节 ❼ 包含了程序用于将文本呈现为字符串的可打印字符串。

.rsrc（资源）节中的信息对恶意软件分析师是非常重要的，因为通过检查 PE 文件中的可打印字符串、图形图像和其他资产，他们可以获得关于文件功能的重要线索。在 1.3 节中，你将了解如何使用 icoutils 工具包（包括 icotool 和 wrestool）从恶意软件二进制文件的资源节中提取图形图像。然后，在 1.4 节中，你将学习如何从恶意软件资源节中提取可打印的字符串。

4. .reloc 节

PE 二进制文件的代码并非是与位置独立的，这意味着如果将它从预期的内存位置移动到新的内存位置，它将无法正确执行。.reloc 节 ❽ 在不破坏代码的情况下通过允许移动代码来解决这个问题。如果一个 PE 文件的代码已被移动，它就告诉 Windows 操作系统将该文件的代码中进行内存地址转换，这样代码仍可以正确运行。这些转换通常涉及在内存地址中添加或减去偏移量。

虽然在你的恶意软件分析中，PE 文件的 .reloc 节可能包含你想要使用的信息，但是我们在这本书中不会进一步讨论它，因为我们的重点是将机器学习和数据分析应用于恶意软件，而不是那种涉及重新定位的核心逆向工程。

1.2　使用 pefile 解析 PE 文件格式

由 Ero Carerra 编写和维护的 Python 模块 pefile 已经成为解析 PE 文件的一个行业标准的恶意软件分析库。在本节中，我将向你展示如何使用 pefile 来解析 ircbot.exe。你可以在本书附带虚拟机中的 ~/malware_data_science/ch1/data 目录中找到 ircbot.exe 文件。代码清单 1-1 假设 ircbot.exe 已位于你当前的工作目录中。

输入以下命令安装 pefile 库，以便我们可以在 Python 中导入它：

```
$ pip install pefile
```

现在，使用代码清单 1-1 中的命令启动 Python，导入 pefile 模块，然后使用 pefile 打开并解析 PE 文件 ircbot.exe。

代码清单 1-1　加载 pefile 模块并解析 PE 文件（ircbot.exe）

```
$ python
>>> import pefile
>>> pe = pefile.PE("ircbot.exe")
```

我们实例化 pefile.PE，它是 PE 模块实现的核心类。它解析 PE 文件，以便我们可以查看它们的属性。通过调用 PE 构造函数，我们加载并解析指定的 PE 文件，在本例中为 ircbot.exe。现在我们已经加载并解析了这个文件，运行代码清单 1-2 中的代码从 ircbot.exe 的 pe 字段中提取信息。

代码清单 1-2　遍历 PE 文件的各个节并打印有关它们的信息

```
# 基于 Ero Carrera 的示例代码（pefile 库的作者）
for section in pe.sections:
  print (section.Name, hex(section.VirtualAddress),
    hex(section.Misc_VirtualSize), section.SizeOfRawData )
```

代码清单 1-3 显示了打印输出的内容。

代码清单 1-3　使用 Python 的 pefile 模块从 ircbot.exe 中提取节数据

```
('.text\x00\x00\x00', ❶'0x1000', ❷'0x32830', ❸207360)
('.rdata\x00\x00', '0x34000', '0x427a', 17408)
('.data\x00\x00\x00', '0x39000', '0x5cff8', 10752)
('.idata\x00\x00', '0x96000', '0xbb0', 3072)
('.reloc\x00\x00', '0x97000', '0x211d', 8704)
```

如代码清单 1-3 所示，我们从 PE 文件五个不同的节中提取了数据：.text、.rdata、.data、.idata 和 .reloc。输出是以五元组的形式给出，每提取一个 PE 节对应一个元素。每一行的第一个条目标识 PE 节。(你可以忽略一系列的 \x00 空字节，它们只是 C 语言样式的空字符串终止符。)其余字段告诉我们，一旦将每个节被加载到内存中，它的内存利用率将是多少，以及一旦被加载，它将在内存中的何处被找到。

例如，0x1000 ❶ 是加载这些节的虚拟内存地址基址，也可以将其视为节的内存地址基址。在虚拟大小(virtual size)字段中的 0x32830 ❷ 指定了节被加载后所需的内存大小。第三个字段中的 207360 ❸ 表示该节将在该内存块中所占用的数据量。

除了使用 pefile 解析程序的节之外，我们还可以使用它列出二进制文件将加载的 DLL 文件，以及它将在这些 DLL 文件中所请求的函数调用。我们可以通过镜像(dump)PE 文件的 IAT 来实现这一点。代码清单 1-4 显示了如何使用 pefile 镜像 ircbot.exe 的 IAT。

代码清单 1-4   从 ircbot.exe 中提取导入信息

```
$ python
pe = pefile.PE("ircbot.exe")
for entry in pe.DIRECTORY_ENTRY_IMPORT:
    print entry.dll
    for function in entry.imports:
        print '\t',function.name
```

代码清单 1-4 会生成如代码清单 1-5 所示的输出(为了简洁起见，输出进行了截断)。

代码清单 1-5   ircbot.exe 的 IAT 表内容，其显示了这个恶意软件使用的库函数

```
KERNEL32.DLL
        GetLocalTime
        ExitThread
        CloseHandle
    ❶ WriteFile
    ❷ CreateFileA
        ExitProcess
    ❸ CreateProcessA
        GetTickCount
        GetModuleFileNameA
--snip--
```

如代码清单 1-5 所示，这个输出对于恶意软件分析很有价值，因为它列出了恶意软件声明和将引用的丰富的函数数组。例如，输出的前几行告诉我们，恶意软件将使用 WriteFile ❶ 写入文件，使用 CreateFileA ❷ 打开文件，并使用 CreateProcessA ❸ 创建新的进程。虽然这些只是关于恶意软件的基本信息，但它们是了解恶意软件更为详细行为的开始。

1.3　检查恶意软件的图片

要了解恶意软件是如何设计来捉弄攻击目标的，让我们看看在它的 .rsrc 节中所包含的图标。例如，恶意软件二进制文件常常被设计成伪装的 Word 文档、游戏安装程序、PDF 文件等常用软件的图标来欺骗用户点击它们。你还可以在恶意软件中找到攻击者自己感兴趣程序中的图像，例如攻击者为远程控制受感染机器而运行的网络攻击工具和程序。回到我们的样本图像分析，你可以在本章的数据目录中找到名为 fakepdfmalware.exe 的这个恶意软件样本。这个样本使用 Adobe Acrobat 图标诱骗用户认为它是一个 Adobe Acrobat 文档，而实际上它是一个恶意的 PE 可执行文件。

在我们使用 Linux 命令行工具 wrestool 从二进制文件 fakepdfmalware.exe 中提取图像之前，我们首先需要创建一个目录来保存我们将提取的图像。代码清单 1-6 显示了如何完成所有这些操作。

代码清单 1-6　从恶意软件样本中提取图像的 Shell 命令

```
$ mkdir images
$ wrestool -x fakepdfmalware.exe –output=images
$ icotool -x -o images images/*.ico
```

我们首先使用 mkdir images 创建一个目录来保存提取的图像。接下来，我们使用 wrestool 从 fakepdfmalware.exe 中提取图像资源（-x）到 /images 目录，然后使用 icotool 提取（-x）并将 Adobe 中 .ico 图标格式中的所有资源转换（-o）为 .png 图形，以便我们可以使用标准的图像浏览工具查看它们。如果你的系统上没有安装 wrestool，你可以从 http://www.nongnu.org/icoutils/ 下载。

一旦你使用 wrestool 将目标可执行文件中的图像转换为 PNG 格式，你就可以在你喜欢的图像浏览工具中打开它们，并以各种分辨率查看 Adobe Acrobat 图标。正如我在这里给出的例子所示，从 PE 文件中提取图像和图标相对简单，可以快速显示与恶意软件二进制文件相关的有趣且又有用的信息。同样地，我们可以轻松地从恶意软件中提取可打印字符串来获取更多信息，我们接下来会做这项工作。

1.4 检查恶意软件的字符串

字符串是程序二进制文件中可打印字符的序列。恶意软件分析师通常依赖恶意样本中的字符串来快速了解其中可能发生的情况。这些字符串通常包含下载网页和文件的HTTP 和 FTP 命令，用于告诉你恶意软件连接到的地址的 IP 地址和主机名等类似信息。有时，即使用于编写字符串的语言也有可能暗示恶意软件二进制文件的来源国，尽管这可能是伪造的。你甚至可以在一个字符串中找到一些文本，它们用网络用语解释了恶意二进制文件的用途。

字符串还可以显示有关二进制文件的更多技术信息。例如，你可能会发现有关用于创建二进制文件的编译器、编写二进制文件所使用的编程语言、嵌入式脚本或 HTML 等信息。虽然恶意软件作者可以对所有这些痕迹进行混淆、加密和压缩等处理，但是即便是高水平的恶意软件作者也经常会暴露并留下一些痕迹，因此在分析恶意软件时，对镜像的字符串进行细致检查显得尤为重要。

1.4.1 使用字符串程序

查看文件中所有字符串的标准方法是使用命令行工具 strings，按照以下语法进行使用：

```
$ strings filepath | less
```

该命令将文件中的所有字符串逐行打印到终端上。在末尾添加 | less 可以防止字符串在终端上跨屏显示。默认情况下，strings 命令查找所有最小长度为 4 字节的可打印字符串，但是你可以设置不同的最小长度并更改"命令手册"中所列各种其他参数。我建议只使用默认的最小字符串长度 4，但是你可以使用 -n 选项更改最小字符串长度。例如，"string -n 10 filepath"只提取最小长度为 10 字节的字符串。

1.4.2 分析镜像字符串

现在我们镜像了一个恶意软件程序的可打印字符串，但是挑战在于要理解这些字符串的含义。例如，假设我们将 ircbot.exe 中的字符串镜像到 ircbotstring.txt 文件中，这在本章前面的内容中，我们使用 pefile 库已经进行了探讨，如下所示：

```
$ strings ircbot.exe > ircbotstring.txt
```

ircbotstring.txt 的内容包含数千行文本，但其中一些行应该突出显示出来。例如，代码清单 1-7 显示了从字符串镜像中提取出来的一串以单词 DOWNLOAD 开头的行。

代码清单 1-7　显示恶意软件可以将攻击者指定的文件下载到目标计算机的字符串输出

```
[DOWNLOAD]: Bad URL, or DNS Error: %s.
[DOWNLOAD]: Update failed: Error executing file: %s.
[DOWNLOAD]: Downloaded %.1fKB to %s @ %.1fKB/sec. Updating.
[DOWNLOAD]: Opened: %s.
--snip--
[DOWNLOAD]: Downloaded %.1f KB to %s @ %.1f KB/sec.
[DOWNLOAD]: CRC Failed (%d != %d).
[DOWNLOAD]: Filesize is incorrect: (%d != %d).
[DOWNLOAD]: Update: %s (%dKB transferred).
[DOWNLOAD]: File download: %s (%dKB transferred).
[DOWNLOAD]: Couldn't open file: %s.
```

这些行表示 ircbot.exe 将尝试把攻击者指定的文件下载到目标计算机上。

我们来尝试分析另一个。代码清单 1-8 所示的字符串镜像表明 ircbot.exe 可以起到 Web 服务器的作用，在目标机器上侦听来自攻击者的连接。

代码清单 1-8　显示恶意软件有一个攻击者可以连接的 HTTP 服务器的字符串输出

```
❶ GET
❷ HTTP/1.0 200 OK
  Server: myBot
  Cache-Control: no-cache,no-store,max-age=0
  pragma: no-cache
  Content-Type: %s
  Content-Length: %i
  Accept-Ranges: bytes
  Date: %s %s GMT
  Last-Modified: %s %s GMT
  Expires: %s %s GMT
  Connection: close
  HTTP/1.0 200 OK
❸ Server: myBot
  Cache-Control: no-cache,no-store,max-age=0
  pragma: no-cache
  Content-Type: %s
  Accept-Ranges: bytes
  Date: %s %s GMT
```

```
Last-Modified: %s %s GMT
Expires: %s %s GMT
Connection: close
HH:mm:ss
ddd, dd MMM yyyy
application/octet-stream
text/html
```

代码清单 1-8 显示了 ircbot.exe 用于实现 HTTP 服务器的各种 HTTP 样板程序。此 HTTP 服务器可能允许攻击者通过 HTTP 连接到目标计算机以发出命令，例如获取受害者桌面的屏幕截图并将其回传给攻击者的命令。我们在整个代码清单中看到了 HTTP 功能的证据。例如，从 Internet 资源请求数据的 GET 方法 ❶。HTTP/1.0 200 OK ❷ 这一行是一个返回状态代码 200 的 HTTP 字符串，表明 HTTP 网络事务都运行良好，而 Server:myBot ❸ 表明 HTTP 服务器的名称是 myBot，这是 ircbot.exe 附加的一个内置 HTTP 服务器。

所有这些信息都有助于理解和阻止特定的恶意软件样本或恶意活动。例如，知道恶意软件样本有一个 HTTP 服务器，当你连接到它时，它会输出特定的字符串，这样你就可以借此扫描你的网络来识别受感染的主机。

1.5 小结

在本章中，你大致对静态恶意软件分析有了一定的认识，其中包括在不实际运行的情况下检查恶意软件程序。你了解了定义 Windows 操作系统 .exe 和 .dll 文件的 PE 文件格式，还了解了如何使用 Python 库 pefile 解析实际场景中的恶意软件 ircbot.exe 二进制文件。你还使用图像分析和字符串分析等静态分析技术，从恶意软件样本中提取更多的信息。第 2 章继续讨论静态恶意软件分析，重点分析可以从恶意软件中恢复的汇编代码。

第 2 章

基础静态分析进阶：x86 反汇编

要彻底了解恶意程序，我们通常需要对节、字符串、导入和图像等基础静态分析进一步深入，对程序的汇编代码进行逆向工程。实际上，反汇编和逆向工程是对恶意软件样本进行深入静态分析的核心。

由于逆向工程可以说是一门艺术、技术工艺和科学，因此对其深入的探讨超出了本章的范围。我的目标是向你介绍逆向工程以便你将其应用于恶意软件数据科学之中。了解这种方法对于成功地将机器学习和数据分析应用于恶意软件至关重要。

在本章中，我将从理解 x86 反汇编所需的概念开始。在本章的后面部分，我将介绍恶意软件作者如何试图绕过反汇编分析，并讨论减轻这些对抗分析和对抗检测操作的方法。但首先，让我们回顾一些常见的反汇编方法以及 x86 汇编语言的基础知识。

2.1 反汇编方法

反汇编是将恶意软件的二进制代码转换为有效的 x86 汇编语言的过程。恶意软件作者通常使用 C 或 C++ 等高级语言编写恶意软件程序，然后使用编译器将源代码进行编译生成 x86 二进制代码。汇编语言是这种二进制代码的可读表示形式。因此，将恶意软件程序反汇编成汇编语言是了解其核心行为的必要手段。

不幸的是，反汇编并非易事，因为恶意软件作者经常使用一些技巧来阻挠逆向工程。事实上，面对故意的混淆，完美的反汇编是计算机科学中一个尚未解决的问题。目前，仅存在近似的、容易出错的方法可以用来反汇编这些程序。

例如，考虑自修改代码的情况，即在执行时修改自身的二进制代码。正确反汇编这段代码的唯一方法是理解代码修改自身的程序逻辑，但这可能非常复杂。

由于目前要达到完美的反汇编是不可能的，我们必须使用不完善的方法来完成这项任务。我们使用的方法是线性反汇编，这涉及在可移植可执行（PE）文件中识别那些与其 x86 程序代码相对应的连续字节序列，然后解码这些字节。这种方法的主要局限性是它忽略了 CPU 在程序执行过程中如何解码指令的细微差别。此外，它也无法解析恶意软件作者有时使用的使程序更难分析的各种混淆。

逆向工程的其他方法，如 IDA Pro 等专业级反汇编器使用的更复杂的反汇编方法，我们在这里就不讨论了。这些更高级的方法实际上是模拟或推理程序执行，以发现程序可能通过一系列条件分支达到哪些汇编指令。

尽管这种类型的反汇编比线性反汇编更精确，但它比线性反汇编方法占用的 CPU 资源要多得多，这使得它不太适合数据科学的目的，因为数据科学的重点是对数千甚至数百万的程序进行反汇编。

但是，在开始使用线性反汇编进行分析之前，你需要回顾一下汇编语言的基本组件。

2.2   x86 汇编语言基础

汇编语言是给定体系结构中最低级别的人类可读编程语言，它与特定 CPU 体系结构的二进制指令格式紧密对应。汇编语言的一行几乎总是等价于单个 CPU 指令。因为汇编语言的级别很低，所以通常可以使用正确的工具从恶意软件二进制文件中轻松地提取出来。

要达到阅读反汇编后恶意软件 x86 代码的基本熟练程度比你想象的要容易，这是因为大部分恶意软件汇编代码在大多数时间都是通过 Windows 操作系统的动态链接库（DLL）调用操作系统，这些库文件在运行时被加载到程序内存中。恶意软件程序使用 DLL 来完成大部分实际工作，例如修改系统注册表、移动和复制文件、建立网络连接以及通过网络协议进行通信等。因此，跟踪恶意软件汇编代码通常需要了解汇编语言进行函数调用的方式以及了解各种 DLL 调用的作用。当然，事情可能会变得更加复杂，但是了解这些可以揭示很多关于恶意软件的信息。

在下面的部分中，我将介绍一些重要的汇编语言概念。我还将解释一些如控制流和控制流图等的抽象概念。最后，我们对 ircbot.exe 程序进行反汇编，并探讨其汇编代码和控制流程是如何指引我们了解它的目的的。

x86 汇编语言有两种主要的语法：Intel 和 AT&T。在本书中，我使用的是 Intel 语法，目前所有主要的反汇编工具中都支持该语法，并且也是 Intel 官方的 x86 CPU 文档中使用的语法。

下面我们先来看看 CPU 寄存器。

2.2.1　CPU 寄存器

寄存器是 x86 CPU 执行计算的小型数据存储单元。由于寄存器位于 CPU 内部，寄存器的访问速度比内存的访问速度快几个数量级。这就是为什么核心计算操作，如算术和条件测试指令，都是针对寄存器而言的。这也是 CPU 使用寄存器存储正在运行的程序状态的相关信息的原因。尽管有经验的 x86 汇编程序员可以使用许多寄存器，但我们在这里只关注几个重要的寄存器。

1. 通用寄存器

通用寄存器就像汇编程序员的暂存空间。在 32 位系统中，每个寄存器包含 32 位、16 位或 8 位空间，我们可以在这些空间执行算术运算、按位运算、字节顺序交换操作等。

在常见的计算工作流程中，程序将数据从内存或外部硬件设备移入寄存器，对这些数据执行一些运算，然后将数据移回内存进行存储。例如，要对一个长列表进行排序，程序通常从内存的数组中提取列表项，在寄存器中对它们进行比较，然后将比较结果写回到内存中。

要了解 Intel 32 位架构中通用寄存器模型的一些细微差别，请看图 2-1。

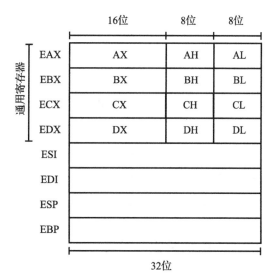

图 2-1　x86 架构中的寄存器

纵轴显示通用寄存器的布局，横轴显示 EAX、EBX、ECX 和 EDX 是如何细分的。EAX、EBX、ECX 和 EDX 是 32 位寄存器，其中包含更小的 16 位寄存器：AX、BX、CX 和 DX。如图所示，这些 16 位寄存器可以再细分为高位和低位的 8 位寄存器：AH、AL、BH、BL、CH、CL、DH 和 DL。尽管这对 EAX、EBX、ECX 和 EDX 中的细分寄存器进行寻址有时很有用，但你通常会看到对 EAX、EBX、ECX 和 EDX 的直接引用。

2. 堆栈和控制流寄存器

堆栈管理寄存器存储有关程序堆栈的关键信息，程序堆栈负责存储函数的局部变量、传递给函数的参数以及与程序控制流相关的控制信息。下面我们来浏览这些寄存器。

简单来说，ESP 寄存器指向当前执行的函数堆栈的顶部，而 EBP 寄存器指向当前执行的函数堆栈的底部。这对于现代程序来说是非常关键的信息，因为这意味着通过引用相对于堆栈的数据而不是使用它的绝对地址，面向过程和面向对象的代码可以更优雅和更有效地访问局部变量。

虽然你不会在 x86 汇编代码中看到对 EIP 寄存器的直接引用，但它在安全性分析中非常重要，特别是在漏洞研究和缓冲区溢出漏洞利用等情景中。这是因为 EIP 包含当前正在执行的指令的存储器地址。攻击者可以使用缓冲区溢出漏洞利用代码间接破坏 EIP 寄存器的值，进而可以控制程序的执行。

除了在漏洞利用过程中起到作用外，EIP 在分析恶意软件的恶意代码方面也很重要。我们可以使用调试器随时查看 EIP 的值，这有助于我们了解恶意软件在任何特定时刻所执行的代码。

EFLAGS 是一个包含 CPU 标志位的状态寄存器，CPU 标志位是存储程序当前执行状态的状态信息位。EFLAGS 寄存器对于在 x86 程序中创建条件分支过程或者由于 if/then 类型程序逻辑的结果而导致执行流程变化的过程非常重要。具体来说，每当一个 x86 汇编程序检查一个值是否大于或小于零，然后基于这个测试的结果跳转到某个函数时，EFLAGS 寄存器会起到启用作用，更详细的内容在 2.2.3 节中进行描述。

2.2.2 算术指令

指令在通用寄存器上运行。你可以利用通用寄存器使用算术指令进行简单的计算。

例如，add、sub、inc、dec 和 mul 是你在恶意软件逆向工程中经常会遇到的算术指令示例。表 2-1 列出了一些基本指令及其语法的示例。

表 2-1　算术指令

指令	描述
add ebx, 100	将 100 与 EBX 中的值相加，然后将结果存储在 EBX 中
sub ebx, 100	将 EBX 中的值减去 100，然后将结果存储在 EBX 中
inc ah	将 AH 中的值增加 1
dec al	将 AL 中的值减去 1

add 指令是对两个整数进行相加，并将结果存储在指定的第一个操作数中，根据语法这里可以是内存位置也可以是寄存器。请记住，只有一个参数可以是内存位置。sub 指令类似于 add 指令，区别是它是减去一个整数。inc 指令是递增寄存器或内存位置中的整数值，而 dec 指令是递减寄存器或内存位置中的整数值。

2.2.3　数据传送指令

x86 处理器为在寄存器和存储器之间传送数据提供了一组强大的指令。这些指令提供了使我们能够操作数据的基本机制，主存储器数据传送指令是 mov 指令，表 2-2 显示了如何使用 mov 指令来传送数据。

表 2-2　数据传送指令

指令	描述
mov ebx, eax	将寄存器 EAX 中的值传至寄存器 EBX
mov eax, [0x12345678]	将内存地址 0x12345678 中的值移入寄存器 EAX
mov edx, 1	将值 1 传至寄存器 EDX 中
mov [0x12345678], eax	将寄存器 EAX 中的值传入内存地址 0x12345678

与 mov 指令相关，lea 指令将指定的绝对内存地址加载到寄存器中，用于获取内存位置的指针地址。例如，lea edx, [esp -4] 从 ESP 的值中减去 4 并将结果值加载到 EDX 中。

1. 堆栈指令

x86 汇编语言中的堆栈是一种允许你将值压入或弹出堆栈以进行数据存取的数据结构。这与你在一叠盘子的顶部添加和取出盘子的过程类似。

因为控制流通常是通过 x86 程序集中的 C 语言风格的函数调用来表示的，并且因为这些函数调用使用堆栈来传递参数、分配局部变量，以及记住在函数执行完毕后要返回到程序的哪个部分，所以堆栈和控制流需要在一起进行了解。

当程序员希望将寄存器的值保存到堆栈中时，push 指令将值压入到程序堆栈中，pop 指令将堆栈中的值删除并将它们存入指定的寄存器。

push 指令使用以下语法执行其操作：

```
push 1
```

在本例中，程序将堆栈指针（寄存器 ESP）指向一个新的内存地址，从而为值（1）腾出空间，这个值现在存储在堆栈的顶部位置。然后，它将参数中的值复制到 CPU 刚刚在堆栈顶部腾出的空间的内存位置。

让我们将其与 pop 指令进行对比：

```
pop eax
```

程序使用 pop 指令从堆栈顶部弹出值并将其存入指定的寄存器。在这个例子中，pop eax 这条指令将堆栈中最顶部的值弹出并将其存入到 eax 寄存器中。

关于 x86 程序堆栈，需要理解的一个不直观但很重要的细节是，它在内存中的地址增长是向下的，因此堆栈上最高位置的值实际上存储在堆栈内存中的最低地址。当你对存储在堆栈上数据进行引用的汇编代码进行分析时，记住这一点非常重要，因为除非你知道堆栈的内存布局，否则很快就会变得混乱。

因为 x86 堆栈在内存中向下增长，当 push 指令在程序堆栈上为一个新的值分配空间时，它会减小 ESP 的值，使其指向内存中较低的位置，然后将目标寄存器中的值复制到内存位置，从堆栈的顶部地址开始并逐渐增长。相反，pop 指令实际上是从堆栈中拷贝并弹出顶部值，然后增加 ESP 的值，这样它就指向更高的内存位置。

2. 控制流指令

x86 程序的控制流定义了程序可能执行的指令序列网络，具体取决于程序可能接收到的数据、设备交互以及程序可能接收的其他输入。控制流指令定义了一个程序的控制流。它们比堆栈指令更复杂，但仍然非常直观。由于控制流通常通过 x86 汇编语言中 C 语言风格的函数调用来表示，所以堆栈和控制流密切相关。由于这些函数调用使用堆栈传递参数、分配局部变量，并且记住在函数完成执行后返回到程序的哪个部分，这也体现了它们之间的相关性。

在 x86 汇编语言中，就程序如何调用函数以及这些函数执行完毕后程序如何从函数返回而言，call 和 ret 指令在控制流指令中是最重要的部分。

call 指令用于调用一个函数。你可以将其视为可以用像 C 语言这样的高级语言编写的函数，使得程序可以在调用 call 指令并完成函数执行之后返回到指令中。你可以使用以下语法调用 call 指令，address 表示函数代码在内存中的起始位置：

---

call *address*

---

call 指令有两个作用。首先，它将函数调用后返回的将要执行的指令地址压入堆栈的顶部，这样程序就知道了在所调用函数完成执行后返回的地址。其次，call 指令将 EIP 寄存器的当前值替换为 address 操作数指定的值。然后，CPU 从 EIP 所指向的新的内存位置开始执行。

就像 call 指令启动函数调用一样，ret 指令用来结束一个函数。你可以单独使用 ret 指令而不使用任何参数，如下所示：

---

ret

当 ret 指令被调用时，堆栈顶部的值将被弹出，这是我们所期望的保存在程序计数器的值（EIP），这个值在 call 指令被调用时，由 call 指令压入堆栈。然后它将弹出的程序计数器值放回 EIP 寄存器并继续执行。

jmp 指令是另一个重要的控制流结构，它的操作比 call 指令简单。jmp 指令只是告诉 CPU 移动到由其参数指定的内存地址并从那里开始执行，而不需要担心保存 EIP 的值。例如，jmp 0x12345678 告诉 CPU 在下一条指令时开始执行存储在内存地址 0x12345678 处的程序代码。

你可能想知道如何使 jmp 和 call 指令以条件方式执行，例如"如果程序收到一个网络数据包，则执行以下函数。"答案是 x86 汇编语言没有像 if、then、else、else if 等的高级结构。相反，在程序代码中分支选择到一个地址进行执行通常需要两条指令：一条是 cmp 指令，它根据一些测试值检查某些寄存器中的值，并将该测试的结果存储在

EFLAGS 寄存器中；另一条是条件分支指令。

大多数条件分支指令都以字母 j 开头，它允许程序跳转到一个地址，并使用代表被测试条件的字母作为后缀。例如，jge 指令告诉程序在大于或等于的条件下进行跳转。这意味着被测试寄存器中的值必须大于或等于测试值。

cmp 指令使用以下语法：

```
cmp register, memory location, or literal, register, memory location, or literal
```

如上所述，cmp 将指定的通用寄存器中的值与 value 进行比较，然后将该比较的结果存储在 EFLAGS 寄存器中。

调用各种条件 jmp 指令的语法如下所示：

```
j* address
```

正如你所看到的，我们可以在任意数量的条件测试指令前加上前缀 j。例如，只有在测试值大于或等于寄存器中的值时才进行跳转，请使用以下指令：

```
jge address
```

注意，与 call 和 ret 指令的情况不同，jmp 指令系列从不涉及程序堆栈。实际上，对于 jmp 指令系列，x86 程序负责跟踪自身的执行流程，并可能保存或删除有关其访问过的地址以及在执行特定指令序列后应该返回的地址等信息。

3. 基本块和控制流程图

虽然当我们在文本编辑器中滚动程序代码时，x86 程序看起来是按顺序的，但实际上程序里有循环、条件分支和无条件分支（控制流）等结构。所有这些都为每个 x86 程序提供了一个网络结构。让我们使用代码清单 2-1 中的简易汇编程序来看看它是如何工作的。

代码清单 2-1　理解控制流程图的汇编程序

```
  setup: # 代表下一行指令地址的符号
❶ mov eax, 10
  loopstart: # 代表下一行指令地址的符号
❷ sub eax, 1
❸ cmp 0, eax
```

```
jne $loopstart
loopend: # 代表下一行指令地址的符号
mov eax, 1
# 这里会有更多的代码
```

如你所见，该程序将计数器的值初始化为 10，并存储在寄存器 EAX ❶ 中。接下来，它执行一个循环，其中 EAX 中的值在每次迭代中递减 1 ❷。最后，一旦 EAX 中的值减到 0 ❸，程序就跳出循环。

在控制流图分析的语言中，我们可以把这些指令看作是由三个基本块组成的。基本块是我们知道将始终连续执行的一系列指令。也就是说，基本块总是以分支指令或分支的目标指令作为结束，并且它始终以程序的第一条指令（称为程序的入口点）或分支目标作为开始。

在代码清单 2-1 中，你可以看到我们简易程序的基本块从哪里开始和结束。第一个基本块由 setup: 下的指令 mov eax, 10 组成。第二个基本块由 loopstart: 下从 sub eax, 1 开始到 jne $loopstart 结束的几行代码组成，第三个基本块从 loopend: 下的 mov eax, 1 开始。我们可以使用图 2-2 中的图形来表示基本块之间的关系。（我们视术语图（graph）与术语网络（network）为同义词；在计算机科学中，这些术语是可以互换的。）

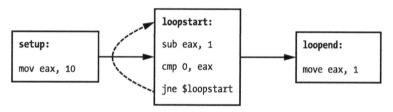

图 2-2　简易汇编程序的控制流程图示意

如图 2-2 所示，如果一个基本块能够流入另一个基本块，我们就把它们连接起来。如图所示，setup 基本块指向 loopstart 基本块，该基本块在转换到 loopend 基本块之前要重复 10 次。实际工作中的程序会有这样的控制流图，但它们要复杂得多，有数千个基本块和数千个相互连接。

2.3　使用 pefile 和 capstone 反汇编 ircbot.exe

既然你已经很好地了解了汇编语言的基础知识，那么让我们使用线性反汇编技术来反汇编 ircbot.exe 汇编代码的前 100 个字节。为此，我们将使用开源 Python 库 pefile（已在第 1 章中介绍过）和 capstone，这是一个可以反汇编 32 位 x86 二进制代码的开源反汇编库。你可以使用 pip 安装这两个库，具体命令如下：

```
pip install pefile
pip install capstone
```

安装了这两个程序库之后，我们可以利用它们并使用代码清单 2-2 中的代码来反汇编 ircbot.exe。

代码清单 2-2　反汇编 ircbot.exe

```
#!/usr/bin/python
import pefile
from capstone import *

# 加载目标 PE 文件
pe = pefile.PE("ircbot.exe")

# 从程序头中获取程序入口点的地址
entrypoint = pe.OPTIONAL_HEADER.AddressOfEntryPoint

# 计算入口代码被加载到内存中的内存地址
entrypoint_address = entrypoint+pe.OPTIONAL_HEADER.ImageBase

# 从 PE 文件对象获取二进制代码
binary_code = pe.get_memory_mapped_image()[entrypoint:entrypoint+100]

# 初始化反汇编程序以反汇编 32 位 x86 二进制代码
disassembler = Cs(CS_ARCH_X86, CS_MODE_32)

# 反汇编代码
for instruction in disassembler.disasm(binary_code, entrypoint_address):
    print "%s\t%s" %(instruction.mnemonic, instruction.op_str)
```

这个过程应该产生以下输出：

```
❶ push     ebp
  mov      ebp, esp
  push     -1
  push     0x437588
  push     0x41982c
❷ mov      eax, dword ptr fs:[0]
  push     eax
  mov      dword ptr fs:[0], esp
```

```
❸ add    esp, -0x5c
  push   ebx
  push   esi
  push   edi
  mov    dword ptr [ebp - 0x18], esp
❹ call   dword ptr [0x496308]
  --snip--
```

不要担心去理解反汇编输出中的所有指令：这里涉及的对汇编代码的理解已经超出了本书的范围。但是，你应该对输出中的许多指令有所认识，并对它们的作用有一定的了解。例如，恶意软件将寄存器 EBP 中的值压入堆栈 ❶，并保存其值。然后将 ESP 中的值移动到 EBP 中，并将一些数值压入堆栈。程序将内存中的一些数据移入寄存器 EAX ❷，并对寄存器 ESP ❸ 中的值添加 -0x5c。最后，程序使用 call 指令调用存储在内存地址 0x496308 ❹ 上的函数。

因为这不是一本关于逆向工程的书，所以我在这里不再深入讨论代码的含义。我所介绍的是理解汇编语言如何工作的开始。有关汇编语言的更多信息，我推荐使用英特尔程序员手册，网址为 http://www.intel.com/content/www/us/en/processors/architectures-software-developer-manuals.html。

2.4　限制静态分析的因素

在本章和第 1 章中，你了解了使用静态分析技术来阐明新发现的恶意二进制文件攻击目的和方法的各种方式。不幸的是，静态分析有一些局限性，使得它在某些情况下不那么有用，例如，恶意软件作者可以采用某些比防御更容易实施的攻击性策略。下面让我们来看看其中的一些攻击性策略，看看如何针对它们进行防御。

2.4.1　加壳

恶意软件加壳（packing）是恶意软件作者压缩、加密或以其他方式破坏其恶意程序主体的过程，从而使恶意软件分析师无法理解这些程序。当恶意软件运行时，它会自行解包，然后开始执行。绕过恶意软件加壳最明显的方法是在安全的环境中实际运行恶意软件，这就是我将在第 3 章介绍的动态分析技术。

注意　出于正当理由，软件安装程序也会使用软件加壳。正常软件的作者使用加壳的方式来交付他们的代码，因为它可以对程序资源进行压缩来减少软件安装程序的下载大小。它还可以帮助他们阻止商业竞争对手的逆向工程尝试，同时还提供了一种方便的方法来将许多程序资源捆绑进一个程序安装文件中。

2.4.2   资源混淆

恶意软件作者使用的另一种对抗检测和分析的技术是资源混淆。它们混淆了例如字符串和图形图像等程序资源存储在磁盘上的方式，然后在恶意软件运行时对它们进行混淆还原，以便恶意程序可以使用它们。例如，一个简单的混淆操作是将值 1 添加到存储在 PE 资源部分的图像和字符串中的所有字节，然后在运行时从所有这些数据中减去 1。当然，这里可能存在任意数量的混淆，所有这些都使恶意软件分析师难以使用静态分析来理解恶意软件二进制文件。

与加壳一样，绕过资源混淆的一种方法是在安全的环境中运行恶意软件。当这不是一个可行的选择时，解决资源混淆的唯一方法是实际找出恶意软件混淆其资源的方式，并手动清除它们的混淆，这是专业恶意软件分析师经常需要做的事情。

2.4.3   反汇编技术

恶意软件作者使用的第三类对抗检测和分析的技术是反汇编技术。这些技术旨在利用最先进反汇编技术的固有局限性，向恶意软件分析师隐藏代码，或使恶意软件分析师认为存储在磁盘上的代码块中包含了与其实际指令不同的指令。

对抗反汇编技术的一个例子是将程序分支转移到一个内存位置分支，即恶意软件作者的反汇编程序将把这个内存位置的指令解释成另一条不同的指令，本质上是向逆向工程师隐藏恶意软件的真实指令。反汇编技术有巨大的潜力，并且没有完美的方法来抵御它们。在实践中，针对这些技术的两种主要防御方法是在动态环境中运行恶意软件样本，以及手动确定对抗反汇编策略在恶意软件样本中的显示位置以及如何绕过它们。

2.4.4   动态下载数据

恶意软件作者使用的最后一类反分析技术涉及从外部获取数据和代码。例如，恶意软件样本可以在恶意软件启动时从外部服务器动态加载代码。如果是这种情况，对此类代码进行静态分析将无法发挥作用。类似地，恶意软件可能在启动时从外部服务器获取解密密钥，然后使用这些密钥解密将在恶意软件执行过程中使用的数据或代码。

　　显然，如果恶意软件使用工业级加密算法，静态分析将不足以恢复加密的数据和代码。这种反分析和反检测技术非常强大，唯一的解决方法是通过某种方式获取外部服务器上的代码、数据或密钥，然后使用它们对所讨论的恶意软件进行分析。

2.5　小结

　　本章介绍了 x86 汇编代码分析，并演示了如何使用开源 Python 工具对 ircbot.exe 进行基于反汇编的静态分析。虽然这不是一个关于 x86 汇编语言的完整入门读物，但你现在应该感到轻松，因为你已经开始了解给定恶意软件汇编程序镜像中的情况。最后，你了解了恶意软件作者如何抵抗反汇编和其他静态分析技术，以及如何减轻这些对抗分析和对抗检测策略的影响。在第 3 章中，你将学习如何进行动态恶意软件分析，以弥补静态恶意软件分析的许多弱点。

第 3 章

动态分析简介

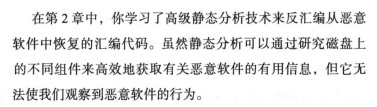

在第 2 章中，你学习了高级静态分析技术来反汇编从恶意软件中恢复的汇编代码。虽然静态分析可以通过研究磁盘上的不同组件来高效地获取有关恶意软件的有用信息，但它无法使我们观察到恶意软件的行为。

在本章中，你将了解动态恶意软件分析的基础知识。与静态分析不同，静态分析侧重的是恶意软件在文件形式中的表现，动态分析则在一个安全、受控的环境中运行恶意软件以查看其行为方式。这就像将一种危险的细菌菌株置于封闭的环境中，以观察它对其他细胞的影响。

通过使用动态分析，我们可以绕过常见的静态分析障碍，例如加壳和混淆，以更直接地了解给定恶意软件样本的目的。我们从探讨基本的动态分析技术开始，接下来是它们与恶意软件数据科学的相关性，以及它们的应用。我们使用像 malwr.com 这样的开源工具来研究实际运行的动态分析实例。请注意，这里只是对动态分析这个主题的简要调研，无法力求全面。有关更完整的介绍，请参考 *Practical Malware Analysis*（No Starch 出版社，2012）这本书。

3.1 为什么使用动态分析

要理解动态分析为什么很重要，让我们考虑加壳恶意软件的问题。回想一下，对恶意软件加壳是指压缩或混淆恶意软件的 x86 汇编代码以隐藏程序的恶意性质。加壳的恶意软件样本在感染目标计算机时会自行解压缩，以使代码可以正常执行。

我们可以尝试使用第 2 章中讨论的静态分析工具来对加壳或混淆的恶意软件样本进行反汇编，但这是一个费力的过程。例如，通过静态分析，我们首先必须在恶意软件文件中找到混淆代码的位置。然后我们必须找到去混淆子程序的位置，该子程序对此代码进行去除混淆处理以使其可以正常运行。在找到子程序之后，我们必须弄清楚这个去混淆过程如何工作以便在代码上执行它。只有这样，我们才能够真正开始对恶意代码进行逆向工程的实际过程。

针对这个过程的一个简单而巧妙的替代方法是在一个称为沙箱（sandbox）的安全、受控环境中执行恶意软件。在沙箱中运行恶意软件允许它像感染真实目标时那样解压缩自己。通过简单地运行恶意软件，我们可以找出特定恶意软件二进制文件连接到哪些服务器，它更改了哪些系统配置参数，以及它尝试执行哪些设备的 I/O（输入 / 输出）。

3.2 恶意软件数据科学的动态分析

动态分析不仅适用于恶意软件逆向工程，也适用于恶意软件数据科学。由于动态分析揭示了恶意软件样本的作用，因此我们可以根据它的动作与其他恶意软件样本进行比较。例如，由于动态分析会显示恶意软件样本将哪些文件写入磁盘，我们可以使用这些数据来连接那些将类似文件名写入磁盘的恶意软件样本。这些类型的线索有助于我们根据共同特征对恶意软件样本进行分类。它们甚至可以帮助我们识别由相同组织制作或者属于相同攻击活动的恶意软件样本。

最重要的是，动态分析对于构建基于机器学习的恶意软件检测器非常有用。我们可以通过观察动态分析期间的行为，来对检测器进行训练，以区分恶意和正常的二进制文件。例如，在观察恶意软件和正常文件中的数千条动态分析日志后，机器学习系统可以了解到，当 msword.exe 启动一个名为 powershell.exe 的进程时，此行为是恶意的，但是当 msword.exe 启动 Internet Explorer 时，这可能是无害的。第 8 章将详细介绍如何使用基于静态和动态分析的数据构建恶意软件检测器。但在我们创建复杂的恶意软件检测器之前，让我们先看一些用于动态分析的基本工具。

3.3 动态分析的基本工具

你可以在网上找到许多免费的、开源的动态分析工具。本节重点介绍 malwr.com 和

CuckooBox。malwr.com 网站有一个 Web 界面,允许你免费提交二进制文件进行动态分析。CuckooBox 是一个软件平台,可以让你建立自己的动态解析环境,这样你就可以在本地分析二进制文件。CuckooBox 平台的创建者也运营着 malwr.com,malwr.com 在后台运行 CuckooBox。因此,学习如何在 malwr.com 上分析结果同时将使你了解在 CuckooBox 的结果。

> **注意** 在本书印刷时,malwr.com 的 CuckooBox 界面由于维护而无法访问。希望当你阅读本节时,网站会恢复正常。如果没有,则可以将本章提供的信息应用于输出你自己的 CuckooBox 实例,你可以按照 https://cuckoosandbox.org/ 上的说明进行设置。

3.3.1 典型的恶意软件行为

下面是恶意软件样本在运行时可能发生的主要几类行为:

(1)修改文件系统

例如,将设备驱动程序写入磁盘、更改系统配置文件、向文件系统添加新程序,以及修改注册表键值以确保程序自动启动。

(2)修改 Windows 注册表以更改系统配置

例如,更改防火墙设置。

(3)加载设备驱动程序

例如,加载记录用户键盘使用情况的设备驱动程序。

(4)网络行为

例如,解析域名和发出 HTTP 请求。

我们将使用恶意软件样本更详细地检查这些行为,并分析其在 malwr.com 网站上的报告。

3.3.2 在 malwr.com 上加载文件

要通过 malwr.com 运行恶意软件样本,请访问 https://malwr.com/,然后点击"Submit"按钮上传并提交一个要分析的二进制文件。我们将使用一个在 SHA256 哈希值中以字符 d676d95 开头的二进制文件,你可以在本章随附的数据目录中找到它。我鼓励你将此二进制文件提交到 malwr.com，并在我们开始时亲自检查结果。样本提交的页面如图 3-1 所示。

通过这个表单提交样本后，该站点应提示你等待分析完成，这通常需要大约 5 分钟。当结果加载完毕后，你可以检查它们以了解可执行文件在动态分析环境中运行时所执行的操作。

3.3.3　在 malwr.com 上分析结果

我们样本的结果页面应如图 3-2 所示。

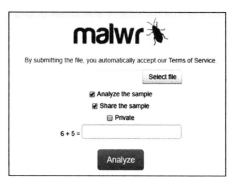

图 3-1　恶意软件样本提交页面

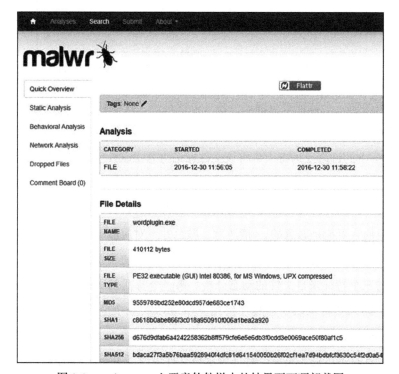

图 3-2　malwr.com 上恶意软件样本的结果页面顶部截图

该文件的结果说明了动态分析的一些关键方面，我们将在下面进行探讨。

1. 特征面板

你将在结果页面上看到的前两个面板是 Analysis（分析）和 File Details（文件详

细信息）。这些包含文件运行的时间以及有关该文件的其他静态详细信息。我将在这里关注的面板是如图 3-3 所示的 Signatures（特征）面板。此面板包含从文件本身派生的高级信息及其在动态分析环境中运行时的行为。让我们讨论一下这些特征中每一条的含义。

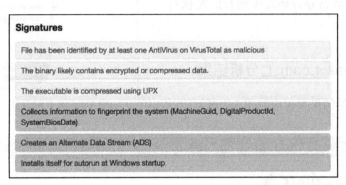

图 3-3　与我们的恶意软件样本行为匹配的 malwr.com 特征

图中显示的前三个特征来自静态分析（也就是说，这些特征来自恶意软件文件本身的属性，而不是它的行为）。第一个特征只是告诉我们，在流行的反病毒引擎聚合网站 VirusTotal.com 上的许多反病毒引擎将该文件标记为恶意软件。第二个特征表示二进制文件包含压缩或加密数据，这是混淆的常见标志。第三个特征告诉我们这个二进制文件是用流行的 UPX 壳压缩的。虽然这些静态指标本身并没有告诉我们这个文件的作用，但它们确实告诉我们它可能是恶意的。（请注意，颜色并不对应静态和动态的类别；相反，它代表了每条规则的危险性，红色（这里是深灰色）比黄色更可疑。）

接下来的三个特征来自文件的动态分析。第一个特征表示程序试图识别系统的硬件和操作系统。第二个特征表明该程序使用 Windows 的一个危险特征，称为交换数据流（Alternate Data Streams，ADS），它允许恶意软件隐藏磁盘上的数据，使其在使用标准文件系统浏览工具时不可见。第三个特征表示该文件更改了 Windows 注册表，以便在系统重新启动时，它指定的程序将自动执行。这将导致每当用户重新启动系统时，都会重新启动恶意软件。

正如你所看到的，即使在这些自动触发的特征级别，动态分析也会显著增加我们对文件预期行为的了解。

2. 截屏面板

在特征面板下面是截屏面板，此面板显示恶意软件运行时动态分析环境桌面的屏幕截图。图 3-4 显示了这个示例。

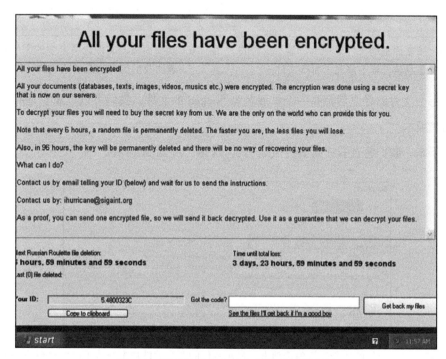

图 3-4　恶意软件样本动态行为的屏幕截图

你可以看到我们正在处理的恶意软件是勒索软件，这是一种加密目标文件的恶意软件，如果他们想取回数据，就强制他们支付赎金。通过简单地运行我们的恶意软件，我们能够发现它的目的，而无须求助于逆向工程。

3. 修改系统对象面板

屏幕截图下的一行标题显示了恶意软件样本的网络活动。我们的二进制文件没有进行任何网络通信，但是如果有，我们在这里将会看到它所联系的主机。图 3-5 显示了摘要面板。

这将显示恶意软件修改了哪些系统对象，如文件、注册表键值和互斥锁（互斥量）。

查看图 3-6 中的文件选项卡，很明显这个勒索软件确实加密了磁盘上的用户文件。

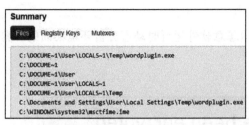

图 3-5　摘要面板的文件选项卡，显示我们的　　　　图 3-6　摘要面板的文件选项卡中的文件路径，
　　　　恶意软件样本修改了哪些文件　　　　　　　　　　　表明我们的样本是勒索软件

在每个文件路径之后都是一个扩展名为 .locked 的文件，我们可以推断它是所替换文件的加密版本。

接下来，我们将查看注册表键值选项卡，如图 3-7 所示。

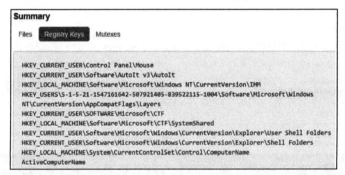

图 3-7　摘要面板的注册表键值选项卡，显示我们的恶意软件样本修改了哪些注册表键值

注册表是 Windows 系统用来存储配置信息的数据库。配置参数作为注册表键值进行存储，这些键具有关联的值。与 Windows 文件系统上的文件路径类似，注册表键值也是用反斜杠分隔的。Malwr.com 向我们展示了哪些注册表键值被我们的恶意软件修改了。虽然在图 3-7 中没有显示，但是如果你在 malwr.com 上查看了完整的报告，你应该会看到我们的恶意软件更改了一个值得注意的注册表键值 HKEY_LOCAL_MACHINE\SOFTWARE\Microsoft\Windows\CurrentVersion\Run，这是一个告诉 Windows 在每次用户登录时运行的程序的注册表键值。我们的恶意软件很可能会修改此注册表，以告知 Windows 每次系统启动时重启恶意软件，从而确保恶意软件在目标主机不断重新启动后依然能够持续感染。

malwr.com 报告中的互斥锁选项卡包含恶意软件所创建互斥锁的名称，如图 3-8 所示。

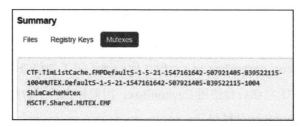

图 3-8　摘要面板的互斥锁选项卡，显示我们的恶意软件样本创建的互斥锁

互斥锁是一种锁定标记，它表示程序已经占用了某些资源。恶意软件通常使用互斥锁来防止自己感染系统两次。结果表明，安全社区已经发现恶意软件至少创建了一个可能为此目的服务的互斥锁（CTF.TimListCache.FMPDefaultS-1-5-21-1547161642-507921405-839522115-1004MUTEX.DefaultS-1-5-21-1547161642-507921405-839522115-1004 ShimCacheMutex）。

4. API 调用分析

单击 malwr.com UI 左侧面板上的 Behavioral Analysis 选项卡，如图 3-9 所示，应显示有关恶意软件二进制文件行为的详细信息。

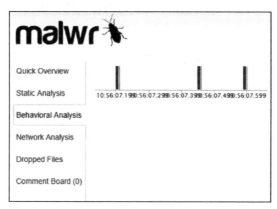

这显示了恶意软件启动的每个进程的 API 调用，以及它们的参数和返回值。仔细阅读这些信息非常耗时，并且需要 Windows API 的专业知识。虽然对恶意软件 API 调用分析的详细讨论超出了本书的范围，但是如果你有兴趣了解更多信息，可以查询单个 API 调用来发现它们作用。

图 3-9　malwr.com 报告中恶意软件的行为分析面板，显示了在动态执行期间 API 调用的时间

虽然 malwr.com 是动态分析单个恶意软件样本的一个重要资源，但它并不适合对大量样本进行动态分析。在动态环境中执行大量的样本对于机器学习和数据分析很重要，因为它要识别恶意软件样本的动态执行模式之间的关系。创建基于动态执行模式检测恶意软件实例的机器学习系统需要运行数以千计的恶意软件样本。

除了这个局限性之外，malwr.com 不提供机器可解析格式（如 XML 或 JSON）的恶

意软件分析结果。要解决这些问题，你必须设置并运行自己的 CuckooBox。幸运的是 CuckooBox 是免费的开源软件，它还为你提供了设置自己的动态分析环境的逐步说明。我建议你访问 http://cuckoosandbox.org/。现在你已经了解了如何查看 malwr.com 中的动态恶意软件结果，由于它在后台使用 CuckooBox，因此你也将了解如何在 CuckooBox 启动并运行后分析 CuckooBox 的结果。

3.4 基本动态分析的局限

动态分析是一个强大的工具，但它不是恶意软件分析的灵丹妙药。事实上，它有很大的局限性。一个局限是恶意软件作者了解 CuckooBox 和其他动态分析框架，并试图绕过它们，让它们的恶意软件在检测到自己在 CuckooBox 中运行时无法执行。CuckooBox 的维护人员知道恶意软件的作者试图这样做，所以他们试图解决恶意软件绕过 CuckooBox 的尝试。这种猫捉老鼠的游戏不断地上演，以至于一些恶意软件样本不可避免地会检测到它们正在动态分析环境中运行，而当我们试图运行它们时却无法执行。

另一个局限是，即使没有任何抵抗尝试，动态分析也可能无法揭示重要的恶意软件行为。考虑恶意软件二进制文件在执行时回连到远程服务器并等待发出的命令的情况。例如，这些命令可能告诉恶意软件样本在受害主机上查找某些类型的文件、记录键盘输入或打开网络摄像头。在这种情况下，如果远程服务器不发送任何命令，或者不再运行，那么这些重要的恶意行为都不会显现出来。由于这些限制，动态分析并不是恶意软件分析的万能工具。事实上，专业的恶意软件分析师将动态和静态分析相结合，以达到可能的最佳结果。

3.5 小结

在本章中，你使用 malwr.com 对勒索软件恶意软件样本进行动态分析，并了解如何查看分析结果。你还了解了动态分析的优点和缺点，既然你已经学会了如何进行基本的动态分析，那么你已经准备好深入研究恶意软件数据科学。

本书的其余部分重点介绍对基于静态分析的恶意软件数据开展恶意软件数据科学研究。我将专注于静态分析，因为与动态分析相比，它更简单、更容易获得良好的结果，使其成为一个可以让你轻松掌握恶意软件数据科学的良好起点。但是，在随后的每一章中，我还将解释如何将数据科学方法应用于基于动态分析的数据。

第 4 章

利用恶意软件网络识别攻击活动

 恶意软件网络分析可以将恶意软件数据集转化为有价值的威胁情报，揭示对抗性攻击活动、常见的恶意软件手段和恶意软件样本来源。这种方法包括分析恶意软件样本组通过其共享属性相互关联的方式，无论这些共享属性是内嵌的 IP 地址、主机名、可打印字符串、图形或类似的信息。

例如，图 4-1 的图表显示了恶意软件网络分析能力的一个例子，使用你在本章将学到的技术生成这个图表只要几秒钟时间。

该图显示了一组国家级恶意软件样本（用椭圆形节点表示）及其相互关联的"社交"关系（连接节点间的线）。这些连接基于以下事实：这些样本"回连"（call back）至相同主机名和 IP 地址的服务器，表明它们是由同一伙攻击者部署的。正如你将在本章中学习到的，你可以使用这些连接来帮助区分哪些是对你的组织发起的协同攻击，哪些是由不同犯罪动机的攻击者发起的攻击。

到本章结束时，你将学会以下内容：

- 与从恶意软件里提取威胁情报相关的网络分析理论基础。
- 使用可视化来识别恶意软件样本之间关系的方法。
- 如何使用 Python 和各种开源工具包从恶意软件网络中创建、可视化和提取情报来进行数据分析和可视化。
- 如何将所有知识结合在一起，来揭示和分析实际恶意软件数据集中的攻击活动。

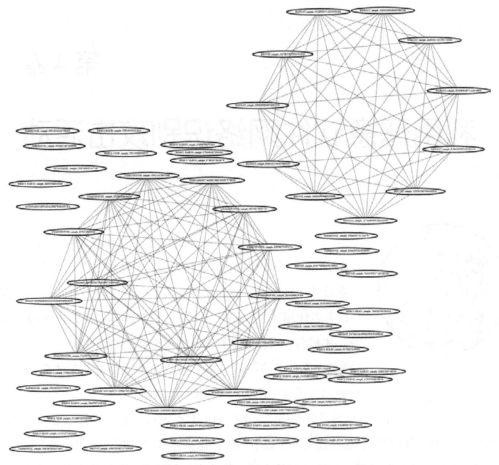

图 4-1　通过共享属性分析显示的国家级恶意软件的社交网络连接

4.1　节点和边

在你对恶意软件执行共享属性分析之前，你需要了解有关网络的一些基础知识。网络是连接对象（称为节点）的集合。这些节点之间的连接称为边。作为抽象的数学对象，网络中的节点几乎可以表示任何东西，它们的边也可以。我们关心的是这些节点和边之间的互连结构，因为这可以揭示恶意软件的详细信息。

当使用网络来分析恶意软件时，我们可以将每个单独的恶意软件文件定义为节点，并将感兴趣的关系（如共享代码或网络行为）定义为边。相似的恶意软件文件共享边，因此当我们应用力导向网络（force-directed network）时，它们就会聚集在一起（你将在后面看到它的确切工作原理）。或者，我们可以将恶意软件样本和属性都视为节点。例如，回连 IP 地址有节点，恶意软件样本也有节点。每当恶意软件样本回连到特定 IP 地址时，它们都会连接到该 IP 地址节点。

恶意软件网络可能比一组简单的节点和边更复杂。具体地说，它们可以将属性附加到节点或边，例如两个相互连接的样本所共享代码的百分比。边的一个常见属性是权重，权重越大表示样本之间的关联性越强。节点可能有自己的属性，比如它们所代表的恶意软件样本的文件大小，但这些通常仅被称为属性。

4.2 二分网络

二分网络是一个所有节点可以划分为两个分区（组）的网络，其中任何一个部分都不包含内部连接。这种类型的网络可以用来展示恶意软件样本之间的共享属性。

图 4-2 显示了一个二分网络的例子，其中恶意软件样本节点位于底层分区，而样本"回连"到的域名（为了与攻击者通信）位于另一个分区。注意回连域名永远不会直接连接到其他回连域名，恶意软件样本也永远不会直接连接到其他恶意软件样本，这就是一个二分网络的特点。

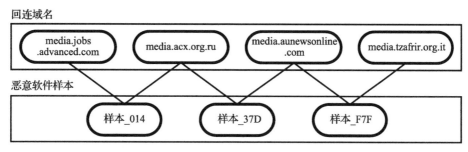

图 4-2　一个二分网络。顶部的节点（属性分区）是回连域名，底部的节点（恶意软件
　　　　分区）是恶意软件样本

正如你所看到的，即使是这样一个简单的可视化示意图也显现了一则重要的情报：基于恶意软件样本共享的回连服务器，我们可以猜测样本 _014 和样本 _37D 可能由同一个攻击者部署。我们还可以猜测样本 _37D 和样本 _F7F 可能来自同一个攻击者，样本 _014 和样本 _F7F 可能来自同一个攻击者，因为它们都与样本 _37D 进行连接（实际上，图 4-2 所示的样本都来自同一个"APT1"攻击组织）。

注
意   我们要感谢 Mandiant 和 Mila Parkour 对 APT1 样本的整理，并将它们提供给研究
      社区。

随着网络中节点和连接的数量越来越多，我们可能就只想知道恶意样本之间是如何
关联的，而并不想清楚地知道所有属性之间的连接关系。我们可以通过创建一个二分图
网络投影来检查恶意软件样本的相似性，这是一个二分图网络的更简单版本，如果部分
节点在一个分区（属性分区）中有共同的连接节点，我们就在另一个分区将这部分节点连
接起来。例如，在图 4-1 所示的恶意软件案例中，如果恶意软件样本共享回连域名，我
们就将创建由这些恶意软件连接成的一个网络。

图 4-3 显示了前文所述整个 APT1 数据集中共享回连服务器的样本投影网络。

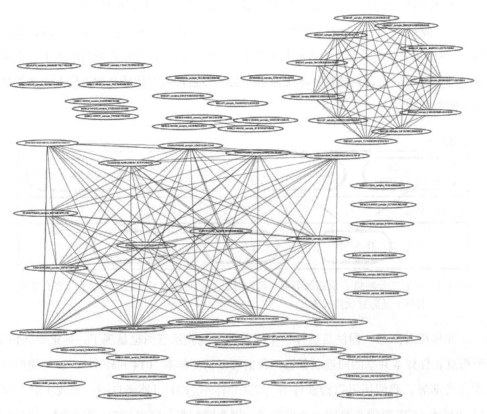

图 4-3   来自 APT1 数据集的恶意软件样本投影，仅当它们共享至少一个服务器时，才
          显示恶意软件样本之间的连接。这两大簇节点分别用于两种不同的攻击活动

这里的节点指的是恶意软件样本，如果它们共享至少一个回连服务器，那么它们在图中就会被连接。通过只展现共享回连服务器的恶意软件样本之间的连接，我们能够开始看到这些恶意软件样本"社交网络"的整体情况。正如你在图 4-3 中所看到的，图中存在两个大的分组（左侧中心区域的大正方形簇和右上角区域的圆形簇），这个核查结果进一步显示了这些样本与 APT1 组织在过去 10 年中进行的两次不同活动相关。

4.3　恶意软件网络可视化

当你使用网络分析方法来对恶意软件的共享属性进行分析时，你会发现你将严重依赖网络可视化软件来创建与目前所示类似的网络。本节介绍如何从算法的角度来实现这些网络可视化。

最重要的是，进行网络可视化的主要挑战是网络布局，这是一个决定在二维还是三维坐标空间中呈现网络中每个节点的过程，这取决于你希望你的可视化效果是二维的还是三维的。当你在网络中放置节点时，理想的方法是将它们放置在坐标空间中，这样它们彼此之间的可视距离就与它们在网络中的最短路径距离是成正比的。也就是说，彼此相距两跳的节点之间可能相距约两英寸，而相距三跳的节点之间可能相距约三英寸。这么做使得我们可以将相似节点簇的可视化效果与它们的实际关系进行精确对应。然而，正如你将在下一节中看到的，这样的可视化效果通常很难实现，尤其是当你处理三个以上节点的情况时。

4.3.1　失真问题

事实证明，通常情况下，不可能完美地解决这个网络布局问题。图 4-4 对这种困难进行了说明。

正如你在这些简单的网络中所看到的，所有节点都通过权重值为 1 的边与所有其他节点进行连接。这些连接的理想布局是使页面上所有节点彼此之间的距离相等。但是，正如你所看到的，当我们创建由四个节点和五个节点组成的网络时，就像图中 c 和 d 所示的那样，由于边长不等的原因，导致我们开始逐渐引入越来越多的失真。不幸的是，我们只能最小化而不能消除这种失真，这也使得失真最小化成为网络可视化算法的主要目标之一。

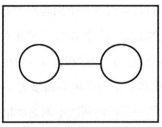
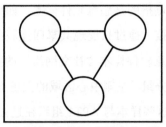

a）连接两个节点，没有失真，所
有节点距离相等

b）连接三个节点，没有失真，所
有节点距离相等

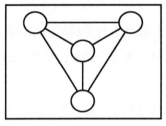
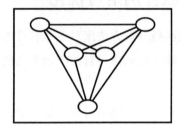

c）连接四个节点，有一些失真，有
一些节点间的距离比其他要近

d）连接五个节点，有更多失真，节
点间的距离变得异构

图 4-4　在真实的恶意软件网络中，实现完美的网络布局通常是不可能的。像 a 和
　　　　b 这样的简单情况允许我们等距离地布置所有节点，然而，c 增加了失真
　　　　（边不再都是等长的了），d 显示了更多的失真

4.3.2　力导向算法

　　为了尽可能地最小化布局失真，计算机科学家经常使用力导向布局算法（force-directed algorithm）。力导向算法是对弹簧力和磁力的物理模拟。将网络中的边模拟为物理弹簧，往往可以得到较好的节点定位，因为这是通过模拟弹簧的推和拉来试图实现节点与边之间的均匀长度。为了更好地理解这个概念，想象一下弹簧是如何工作的：当你压缩或者拉伸弹簧时，它会"试图"恢复到平衡状态时的长度。这些性质与我们想要达到的网络中所有边长度相等的效果密切相关。力导向算法是本章我们重点关注的内容。

4.4　使用 NetworkX 构建网络

　　现在你已经对恶意软件网络有了基本的了解，已经做好准备学习如何使用开源 Python 网络分析库 NetworkX 和开源网络可视化工具包 GraphViz 创建恶意软件关系网络。我将向你演示如何以编程方式提取与恶意软件相关的数据，然后使用这些数据来构建、可视化并分析网络，来表现恶意软件数据集。

让我们从 NetworkX 开始，NetworkX 是由以美国 Los Alamos 国家实验室和 Python 实际网络处理库为中心的团队维护的一个开源项目（回想一下，你可以通过输入本章的代码、数据目录和命令 `pip install -r requirements.txt`，来安装包括 NetworkX 在内的这一章所使用的库）。如果你了解 Python，你应该会发现 NetworkX 其实出奇的简单。使用代码清单 4-1 中的代码就导入了 NetworkX 并实例化了一个网络。

代码清单 4-1　实例化一个网络

```
#!/usr/bin/python
import networkx

# 实例化一个没有节点和边的网络
network = networkx.Graph()
```

这段代码只是对 NetworkX 图形构造函数进行了一次调用就完成了在 NetworkX 中创建一个网络的工作。

> 注意　NetworkX 库有时使用术语图来代替网络，因为这两个术语在计算机科学中是同义词——它们都表示由边连接的一组节点。

4.5　添加节点和边

目前我们已经实例化了一个网络，让我们添加一些节点。NetworkX 网络中的节点可以是任何 Python 对象。这里，我将向你演示如何在我们的网络中添加各种类型的节点：

```
nodes = ["hello","world",1,2,3]
for node in nodes:
    network.add_node(node)
```

如上所示，我们在网络中添加了五个节点："hello"、"world"、1、2 和 3。

然后，我们调用 add_edge() 函数来添加边，如下所示：

```
❶ network.add_edge("hello","world")
network.add_edge(1,2)
network.add_edge(1,3)
```

这里，我们通过边将这五个节点中的一部分进行连接。例如，第一行代码 ❶ 通过在 "hello" 和 "world" 节点之间创建一条边将它们连接在一起。

4.5.1 添加属性

NetworkX 允许我们轻松地给节点和边附加属性。要把属性附加到一个节点上（并能够在以后访问这个属性），你可以在将节点添加到网络时，将该属性作为关键字参数进行添加，如下所示：

```
network.add_node(1,myattribute="foo")
```

若要稍后添加属性，就可以使用以下语法来访问网络的 node 字典：

```
network.node[1]["myattribute"] = "foo"
```

然后，若要访问节点，就要访问 node 字典：

```
print network.node[1]["myattribute"] # prints "foo"
```

与节点一样，在最初添加边时，可以使用关键字参数给边添加属性，如下所示：

```
network.add_edge("node1","node2",myattribute="attribute of an edge")
```

同样地，你可以使用 edge 字典在边被添加到网络后给边添加属性，如下所示：

```
network.edge["node1"]["node2"]["myattribute"] = "attribute of an edge"
```

edge 字典的神奇之处在于，它允许你以相反的方式访问节点属性，而不必担心首先引用哪个节点，如代码清单 4-2 所示。

代码清单 4-2   使用 edge 字典访问节点属性不需要考虑节点顺序

```
❶ network.edge["node1"]["node2"]["myattribute"] = 321
❷ print network.edge["node2"]["node1"]["myattribute"]  # prints 321
```

如你所见，第一行代码将 myattribute 设置在连接 node1 和 node2 ❶ 的边上，第二行代码用来访问并打印 myattribute，尽管这时引用 node1 和 node2 的顺序与设置时的顺

序刚好相反 ❷。

4.5.2　将网络保存到磁盘

为了可视化我们的网络，我们需要将网络从 NetworkX 中以 .dot 文件格式存储到磁盘中，这是一种网络分析领域常用的一种文件格式，它可以被导入到众多的网络可视化工具包中。以 .dot 格式保存网络，只需调用 NetworkX 中的 `write_dot()` 函数，如代码清单 4-3 所示。

代码清单 4-3　使用 write_dot() 将网络保存到磁盘

```python
#!/usr/bin/python
import networkx
from networkx.drawing.nx_agraph import write_dot

# 实例化网络，添加一些节点并连接它们
nodes = ["hello","world",1,2,3]
network = networkx.Graph()
for node in nodes:
    network.add_node(node)
network.add_edge("hello","world")
write_dot(❶network,❷"network.dot")
```

如你所见，在这段代码的末尾，我们使用 `write_dot()` 函数来指定要保存的网络 ❶ 以及要保存到的路径或文件名 ❷。

4.6　使用 GraphViz 实现网络可视化

一旦我们使用 NetworkX 的 write_dot() 函数将网络写入磁盘，我们就可以使用 GraphViz 工具对生成的文件进行可视化。GraphViz 是进行网络可视化最佳的命令行工具包。它由 AT&T 的研究人员维护，已经成为数据分析师所使用的网络分析工具箱的标准部分。它包含许多网络布局的命令行工具，可用于网络的布局和呈现。GraphViz 工具在本书提供的虚拟机中已经预装，你也可以从网址 https://graphviz.gitlab.io/download/ 进行下载。每个 GraphViz 命令行工具对以 .dot 格式表示的网络进行解析，并可以使用以下语法进行调用，从而将网络呈现 .png 格式的图像文件：

```
$ <toolname> <dotfile> -T png -o <outputfile.png>
```

fdp 力导向图形渲染器是 GraphViz 网络可视化工具之一。与其他任何一个 GraphViz 工具一样，它使用了相同的基本命令行接口，如下所示：

```
$ fdp apt1callback.dot -T png -o apt1callback.png
```

在这里，我们指定了要使用的 fdp 工具以及想布局的 .dot 网络文件名，即 apt1call-back.dot，它可在本书所附数据的 ~/ch3/ 目录中找到。我们指定 -T png 来表示我们所希望使用的文件格式（PNG）。最后，我们指定使用 -o apt1callback.png 来保存输出文件。

4.6.1　使用参数调整网络

可以使用 GraphViz 工具包中的许多参数来调整你绘制网络的方式，其中许多参数使用 -G 命令行标志进行设置，格式如下：

```
G<parametername>=<parametervalue>
```

overlap 和 splines 是两个特别有用的参数。将 overlap 设置为 false，告诉 GraphViz 不允许任何节点彼此重叠。使用 splines 参数告诉 GraphViz 绘制曲线而不是直线，以便更容易跟踪网络中的边。下面是在 GraphViz 中设置 overlap 和 splines 参数的一些方法。

使用以下方法防止节点重叠：

```
$ <toolname> <dotfile> -Goverlap=false -T png -o <outputfile.png>
```

将边绘制为曲线（splines），可以提高网络的可读性：

```
$ <toolname> <dotfile> -Gsplines=true -T png -o <outputfile.png>
```

将边绘制为曲线（splines）以提高网络的可读性，并且不允许节点存在视觉上的重叠：

```
$ <toolname> <dotfile> -Gsplines=true -Goverlap=false -T png -o <outputfile.png>
```

注意，我们只是在一个参数之后列了另一个参数：-Gsplines=true -Goverlap =false

（与顺序无关），后面再跟着 -T png -o < outputfile.png >。

在下一节中，我会简要介绍最有用的 GraphViz 工具（包括 fdp）。

4.6.2　GraphViz 命令行工具

下面是一些我发现的最有用的 GraphViz 工具，以及对什么时候适合使用这些工具的建议。

1. fdp

在前面的例子中，我们使用了 fdp 布局工具，如 4.3.2 节所述，用它来创建一个力导向的布局。当你创建的恶意软件网络少于 500 个节点时，fdp 可以在合理的时间内很好地展现出网络结构。但是，当你处理的节点超过 500 个节点时，尤其是节点之间的连接比较复杂时，你会发现 fdp 的处理速度下降得相当快。

要在如图 4-3 所示的 APT1 共享回连服务器网络中尝试使用 fdp，请从本书所附数据的 ch4 目录输入以下内容（必须安装 GraphViz）：

```
$ fdp callback_servers_malware_projection.dot -T png -o fdp_servers.png -
Goverlap=false
```

这条命令将创建一个 .png 文件（fdp_ser.png），该文件显示的网络如图 4-5 所示。

fdp 布局使网络的许多特征在图中表现得很明显。首先，两个大的样本簇高度相关，在图的右上角和左下角区域可以清楚地看到。其次，有很多对样本是相关的，可以在右下角区域看到。最后，许多样本彼此之间没有明显的关系，也没有与任何其他节点连接。这里有一个重点需要强调，这种可视化是基于节点之间的回连服务器共享关系。图中未连接的样本可能通过其他类型的关系与图中其他样本相关联，比如代码共享关系——我们将在第 5 章中探讨这种关系。

2. sfdp

sfdp 工具使用与 fdp 大致相同的布局方法，但是它的可扩展性更好，因为它创建了一个简化的层次结构，称为粗化（coarsening），节点会根据它们的相近度被合并为超级节点。在完成节点粗化之后，sfdp 工具会列出节点被合并后的图版本，这些图的节点和边要少得多，这极大地加快了布局的过程。通过这种方式，sfdp 能够通过执行更少的计算来找到网络中的最佳位置。因此，sfdp 可以只在一台笔记本电脑上布置数万个节点，这使得它成为迄今为止布置大型恶意软件网络的最佳算法。

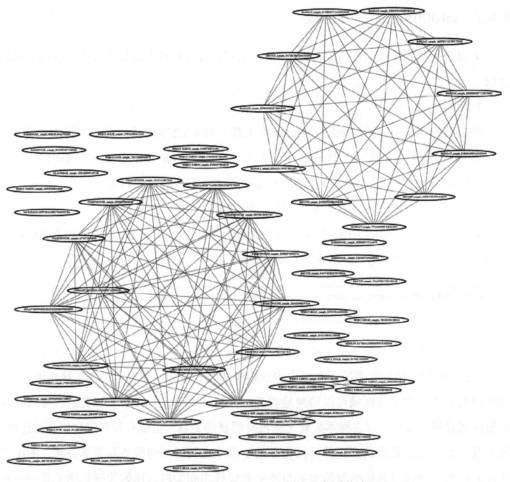

图 4-5   使用 fdp 工具对 APT1 样本进行网络布局

然而，这种可扩展性是有代价的：对于相同大小的网络，sfdp 生成的布局图有时没有 fdp 中的布局图清晰。例如，你可以将我使用 sfdp 创建的图 4-6 与使用 fdp 创建的网络图 4-5 进行对比。

正如你所看到的，图 4-6 中的每个簇上都略微增加了些噪声，这给弄明白发生了什么稍稍增加了难度。

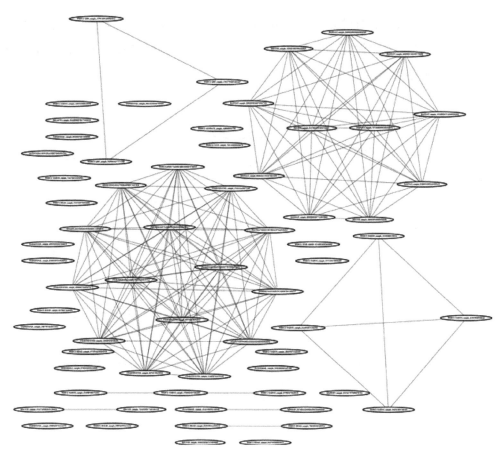

图 4-6　使用 sfdp 命令布局 APT1 样本的回连服务器共享网络

要创建这个网络，请进入本书所附数据的 ch4 目录，然后输入以下代码生成如图 4-6
所示的 sfdp_servers.png 图像文件：

```
$ sfdp callback_servers_malware_projection.dot -T png -o sfdp_servers.png –Goverlap=false
```

注意，这段代码中的第一项指定我们使用的工具是 sfdp，而不是以前使用的 fdp。
其他内容都是相同的，并保存输出文件名。

3. neato

neato 工具是 GraphViz 实现的另一种力导向网络布局算法，它在所有节点（包括未
连接的节点）之间创建模拟的弹簧，以将它们助推到理想位置，但这个过程需要额外的计

算。很难知道 neato 什么时候会为给定的网络提供最好的布局：我的建议是你可以尝试一下，同时结合 fdp，看看你更喜欢哪种网络布局。图 4-7 显示了使用 neato 布局 APT1 回连服务器共享网络的结果。

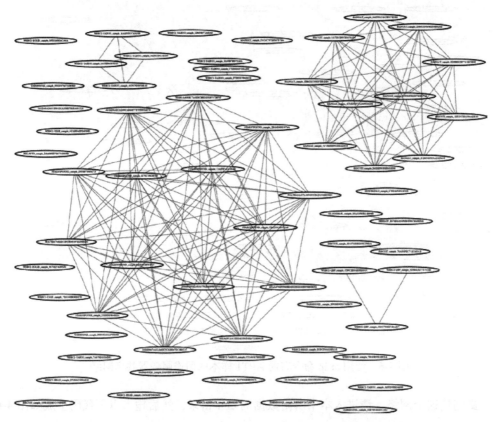

图 4-7　使用 neato 命令布局 APT1 样本的回连服务器共享网络

正如你所看到的，在本例中，neato 生成了类似于 fdp 和 sfdp 生成的网络布局。然而，对于某些数据集，你会发现 neato 生成的布局图也许更好或者更差——你只需使用数据集尝试一下即可。要尝试 neato，请从本书所附数据的 ch4 目录中输入以下内容；这将生成 neato_servers.png 网络图像文件，如图 4-7 所示。

```
$ neato callback_servers_malware_projection.dot -T png -o neato_servers.png –Goverlap=false
```

要创建这个网络，我们只需修改用于创建图 4-6 的代码，指定要使用 neato 工具，

然后将 .png 结果保存到 neato_servers.png。既然你已经知道了如何创建这些可视化网络，那让我们来看看如何进一步完善它们。

4.6.3　向节点和边添加可视属性

除了决定一般的网络布局之外，还可以指定如何来呈现单个节点和边。例如，你可能希望根据两个节点之间的连接强度来设置边的宽度，或者根据每个恶意软件样本节点的关联内容来设置节点颜色，这将允许你更好地可视化恶意软件簇。NetworkX 和 GraphViz 允许你简单地为一组属性赋值来指定节点和边的可视属性。我在后面的章节中只讨论了一些这样的属性，但是这个主题涉及范围很大，单就这个主题就可以写一本书。

1. 边宽度

要设置 GraphViz 在节点周围绘制的边框宽度，或者它为边绘制的线，你可以将节点和边的 penwidth 属性设置为你想要的数值，如代码清单 4-4 所示。

代码清单 4-4　设置 penwidth 属性

```
#!/usr/bin/python
import networkx
from networkx.drawing.nx_agraph import writedot

❶ g = networkx.Graph()
g.add_node(1)
g.add_node(2)
g.add_edge(1,2,❷penwidth=10) # make the edge extra wide
write_dot(g,'network.dot')
```

在这里，我创建了一个由一条边连接两个节点的简单网络 ❶，并将边的 penwidth 属性设置为 10 ❷（默认值为 1）。

运行这段代码，你应该会看到如图 4-8 所示的图像。

如图 4-8 所示，penwidth 设置为 10 会产生非常粗的边。边的宽度（或者，如果你设置了节点的 penwidth，则节点边界的宽度）与 penwidth 属性的值成比例缩放，因此你需要相应地选择。例如，如果你的边强度值从 1 到 1000 不等，但是你希望能够看到所有边的效果，那么你可能需要根据边强度值的对数缩放情况来分配 penwidth 属性的值。

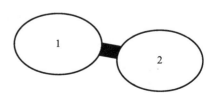

图 4-8　一个边宽度为 10 的简单网络

2. 节点和边颜色

要设置节点边框或者边的颜色，请使用 color 属性。代码清单 4-5 显示了如何做到这一点。

代码清单 4-5　设置节点和边的颜色

```
#!/usr/bin/python

import networkx
from networkx.drawing.nx_agraph import write_dot

g = networkx.Graph()
g.add_node(1,❶color="blue") # 将节点边框设置为蓝色
g.add_node(2,❷color="pink") # 将节点边框设置为粉色
g.add_edge(1,2,❸color="red") # 将边设置为红色
write_dot(g,'network.dot')
```

在这里，我创建了一个与代码清单 4-4 中相同的简单网络，其中有两个节点和一条连接它们的边。对于我创建的每个节点，我都设置了颜色值（❶和❷），我还为边❸设置了颜色值。

图 4-9 显示了代码清单 4-5 的结果。正如预想的那样，你应该可以看到第一个节点和第二个节点的边都有一个独特的颜色。可以使用的完整颜色列表，请参考 http://www.graphviz.org/doc/info/colors.html。

不同的颜色可以用来显示代表着不同类别的节点和边。

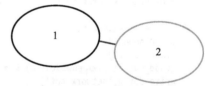

图 4-9　简单网络中节点和边的颜色设置示意图

3. 节点形状

要设置节点的形状，可以如 http://www.GraphViz.org/doc/info/shapes.html 中定义的那样，使用字符串设置 shape 属性从而设定形状。通常使用的值有 box、ellipse、circle、egg、diamond、triangle、pentagon 和 hexagon。代码清单 4-6 显示了如何设置节点的 shape 属性。

代码清单 4-6　设置节点形状

```
#!/usr/bin/python

import networkx
from networkx.drawing.nx_agraph import write_dot

g = networkx.Graph()
```

```
g.add_node(1,❶shape='diamond')
g.add_node(2,❷shape='egg')
g.add_edge(1,2)

write_dot(g,'network.dot')
```

与设置节点颜色的方法类似，我们只需在 add_node() 函数中使用 shape 关键字参数来指定我们希望每个节点变成的形状。这里，我们将第一个节点设置为菱形（diamond）❶，将第二个节点设置为卵形（egg）❷。这段代码的结果如图 4-10 所示。

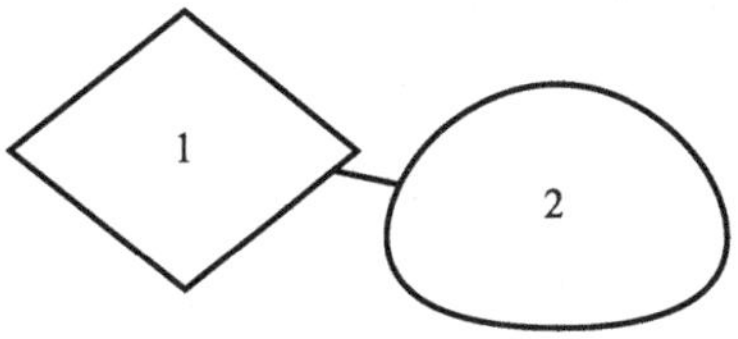

结果显示了一个菱形节点和一个卵形节点，反映了我们在代码清单 4-6 中指定的形状。

图 4-10　简单网络中节点形状设置示意图

4. 文本标签

最后，GraphViz 还允许使用 label 属性向节点和边添加标签 label 属性。虽然节点根据其分配的 ID 自动标记（例如，添加为 123 的节点的标签将是 123），但是你可以使用 label=< 我的标签属性 > 指定标签。与节点不同的是，边在默认情况下是没有标签的，但你可以使用 label 标签属性为它们分配标签。代码清单 4-7 显示了如何创建我们现在熟悉的双节点网络，同时将标签属性附加到节点和连接的边上。

代码清单 4-7　标记节点和边

```
#!/usr/bin/python

import networkx
from networkx.drawing.nx_agraph import write_dot

g = networkx.Graph()
g.add_node(1,❶label="first node")
g.add_node(2,❷label="second node")
g.add_edge(1,2,❸label="link between first and second node")

write_dot(g,'network.dot')
```

我们分别将节点标记为第一个节点 ❶ 和第二个节点 ❷。我们还将连接它们的边标记为第一个节点和第二个节点之间的连接 ❸。图 4-11 显示了我们期望的输出图形。

既然你已经知道了如何操作节点和边的基本属性，那么你就做好从头开始构建网络的准备了。

4.7　构建恶意软件网络

我们将在图 4-1 所示的共享回连服务器示例上进行复制和扩展，来开始关于构建恶意软件网络的讨论，然后对恶意软件的共享图像分析情况进行检查。

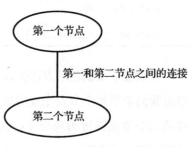

下面的程序从恶意软件文件中提取回连域名，然后构建一个由恶意软件样本组成的二分网络。接下来，它生成一个网络的投影来显示哪些恶意软件样本共享共同的回连服务器，并生成另一个投影来显示哪

图 4-11　简单网络中标记节点和边的示意图

些回连服务器被共同的恶意软件样本调用。最后，程序将原始的二分网络、恶意软件样本投影和回连服务器投影等三个网络保存为文件，以便使用 GraphViz 对它们进行可视化。

我将一步一步地为你讲解这个程序。完整的代码可以在本书附带资料的文件路径 ch4/callback_server_net.py 中找到。

代码清单 4-8 显示了如何从导入必要的模块开始。

代码清单 4-8　导入模块

```
#!/usr/bin/python

import pefile❶
import sys
import argparse
import os
import pprint
import networkx❷
import re
from networkx.drawing.nx_agraph import write_dot
import collections
from networkx.algorithms import bipartite
```

在我们导入的必要模块中，最值得注意的是 pefile PE 解析模块 ❶，这是我们用来解析 PE 目标二进制文件的，以及 networkx 库 ❷，用来为我们创建恶意软件属性网络。

接下来，我们通过添加代码清单 4-9 中的代码来解析命令行参数。

代码清单 4-9　解析命令行参数

```
args = argparse.ArgumentParser("Visualize shared DLL import relationships
between a directory of malware samples")
```

```
args.add_argument(❶"target_path",help="directory with malware samples")
args.add_argument(❷"output_file",help="file to write DOT file to")
args.add_argument(❸"malware_projection",help="file to write DOT file to")
args.add_argument(❹"resource_projection",help="file to write DOT file to")
args = args.parse_args()
```

这些参数包括 target_path ❶（我们分析的恶意软件的目录路径）、output_file ❷（我们输出完整网络的路径）、malware_projection ❸（我们写入显示了恶意软件样本共享属性的简化版图的路径）和 resource_projection ❹（我们写入显示了恶意软件样本中有哪些属性同时出现的简化版图的路径）。

现在我们准备进入程序的核心部分。代码清单 4-10 显示了为程序创建网络的代码。

代码清单 4-10　创建网络

```
#!/usr/bin/python

    import pefile
❶ import sys
    import argparse
    import os
    import pprint
    import networkx
    import re
    from networkx.drawing.nx_agraph import write_dot
    import collections
    from networkx.algorithms import bipartite

    args = argparse.ArgumentParser(
    "Visualize shared hostnames between a directory of malware samples"
    )
    args.add_argument("target_path",help="directory with malware samples")
    args.add_argument("output_file",help="file to write DOT file to")
    args.add_argument("malware_projection",help="file to write DOT file to")
    args.add_argument("hostname_projection",help="file to write DOT file to")
    args = args.parse_args()
    network = networkx.Graph()

    valid_hostname_suffixes = map(
    lambda string: string.strip(), open("domain_suffixes.txt")
    )
    valid_hostname_suffixes = set(valid_hostname_suffixes)
❷ def find_hostnames(string):
        possible_hostnames = re.findall(
        r'(?:[a-zA-Z0-9](?:[a-zA-Z0-9\-]{,61}[a-zA-Z0-9])?\.)+[a-zA-Z]{2,6}',
        string)
        valid_hostnames = filter(
            lambda hostname: hostname.split(".")[-1].lower() \
            in valid_hostname_suffixes,
```

```
            possible_hostnames
    )
    return valid_hostnames

# 在目标目录中搜索有效的 Windows PE 可执行文件
for root,dirs,files in os.walk(args.target_path):
    for path in files:
        # 尝试用 pefile 打开文件，判断它是否真的是一个 PE 文件
        try:
            pe = pefile.PE(os.path.join(root,path))
        except pefile.PEFormatError:
            continue
        fullpath = os.path.join(root,path)
        # 从目标样本中提取可打印的字符串
❸       strings = os.popen("strings '{0}'".format(fullpath)).read()

        # 在包含的 reg 模块中使用 search_doc 函数找到主机名
❹       hostnames = find_hostnames(strings)
        if len(hostnames):
            # 添加二分网络的节点和边
            network.add_node(path,label=path[:32],color='black',penwidth=5,
            bipartite=0)
        for hostname in hostnames:
        ❺   network.add_node(hostname,label=hostname,color='blue',
                penwidth=10,bipartite=1)
            network.add_edge(hostname,path,penwidth=2)
        if hostnames:
            print "Extracted hostnames from:",path
            pprint.pprint(hostnames)
```

我们首先通过调用 networkx.Graph() 构造函数来创建一个新的网络 ❶。然后定义 find_hostnames() 函数，它从字符串中提取主机名 ❷。不要太担心这个函数的机制：它本质上是一个正则表达式和一些字符串过滤代码，这些代码会尽力识别域名。

接下来，我们遍历目标目录中的所有文件，通过查看 pefile.PE 类是否能够加载它们来检查它们是否是 PE 文件（如果不是 PE 文件，我们就不会分析它们）。最后，我们首先从文件中提取所有可打印的字符串，并从中提取主机名属性 ❸，然后在字符串中搜索被嵌入的主机名资源 ❹。如果有找到，我们将它们作为节点添加到我们的网络中，然后为当前恶意软件样本节点添加边并连接到对应的主机名资源节点中 ❺。

现在我们准备好结束这个程序了，如代码清单 4-11 所示。

代码清单 4-11　将网络写入文件

```
# 将 dot 文件写入磁盘
❶ write_dot(network, args.output_file)
```

```
❷ malware = set(n for n,d in network.nodes(data=True) if d['bipartite']==0)
❸ hostname = set(network)-malware

  # 使用 NetworkX 的二分网络投影功能来生成恶意软件和主机名投影
❹ malware_network = bipartite.projected_graph(network, malware)
  hostname_network = bipartite.projected_graph(network, hostname)

  # 将用户的指定投影网络写入磁盘
❺ write_dot(malware_network,args.malware_projection)
  write_dot(hostname_network,args.hostname_projection)
```

　　首先，在命令行参数中指定将网络写入磁盘的位置 ❶。然后我们创建两个简化的网络（参见本章之前部分介绍的"投影"），来显示恶意软件之间的关系和主机名资源之间的关系。为此，我们首先创建一个用于包含恶意软件节点 ID 的 Python 集 ❷，以及另一个用于包含资源节点 ID 的 Python 集 ❸。然后，我们使用 NetworkX 指定的 projected_graph() 函数 ❹ 来获取恶意软件和资源集的投影，并将这些网络写到磁盘的指定位置上 ❺。

　　就是这样！你可以在本书任何恶意软件数据集上使用这个程序，并从嵌入在文件中的共享主机名资源角度来查看恶意软件之间的关系。你甚至可以在自己的数据集上使用它来查看，通过这种分析模式你能搜集到什么样的威胁情报。

4.8　构建共享图像关系网络

　　除了基于回连服务器共享情况来分析恶意软件，我们还可以基于它们所共享的图标和其他图形资源来分析它们。例如，图 4-12 显示了在 **ch4/data/Trojans** 目录中发现的木马文件共享图像分析结果的一部分。

　　你可以看到所有这些木马都是以压缩包文件的形式出现，并且使用相同的压缩包文件图标（如图中心所示），然而它们却都是可执行文件。事实上，他们使用完全相同的图像作为他们与用户博弈的一部分，这表明他们可能来自于同一个攻击者。我通过卡巴斯基反病毒引擎运行这些恶意软件样本也证实了这一点，该引擎为它们分配了相同的家族名称（ArchSMS）。

　　接下来，我将向你展示如何生成如图 4-12 所示的可视化示意图，以分析恶意软件样本之间的图像共享关系。为了从恶意软件中提取图像，我们借助 images 库的帮助，而这个库又反过来依赖于 wrestool（已在第 1 章中讨论）来创建 image_network.py 程序。回想一下，wrestool 从 Windows 可执行文件中提取图像的过程。

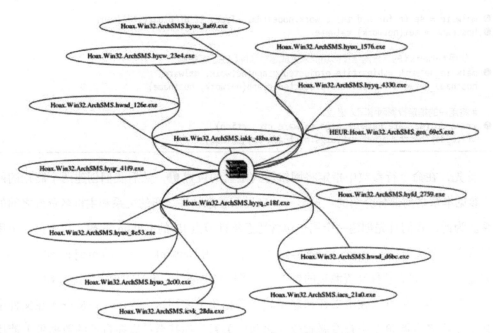

图 4-12   多个木马共享的图片资源的网络可视图

让我们从代码的第一部分开始，浏览一下创建一个图像共享网络的过程，如代码清单 4-12 所示。

代码清单 4-12   在图像共享网络程序中解析初始参数和文件加载代码

```python
#!/usr/bin/python

import pefile
import sys
import argparse
import os
import pprint
import logging
import networkx
import collections
import tempfile
from networkx.drawing.nx_agraph import write_dot
from networkx.algorithms import bipartite

#使用 argparse 解析命令行参数

args = argparse.ArgumentParser(
"Visualize shared image relationships between a directory of malware samples"
)
args.add_argument("target_path",help="directory with malware samples")
```

```
args.add_argument("output_file",help="file to write DOT file to")
args.add_argument("malware_projection",help="file to write DOT file to")
args.add_argument("resource_projection",help="file to write DOT file to")
args = args.parse_args()
network = networkx.Graph()
```

❶ `class ExtractImages():`
```
    def __init__(self,target_binary):
        self.target_binary = target_binary
        self.image_basedir = None
        self.images = []

    def work(self):
        self.image_basedir = tempfile.mkdtemp()
        icondir = os.path.join(self.image_basedir,"icons")
        bitmapdir = os.path.join(self.image_basedir,"bitmaps")
        raw_resources = os.path.join(self.image_basedir,"raw")
        for directory in [icondir,bitmapdir,raw_resources]:
            os.mkdir(directory)
        rawcmd = "wrestool -x {0} -o {1} 2> \
                /dev/null".format(
                self.target_binary,raw_resources
                )
        bmpcmd = "mv {0}/*.bmp {1} 2> /dev/null".format(
        raw_resources,bitmapdir
        )
        icocmd = "icotool -x {0}/*.ico -o {1} \
                2> /dev/null".format(
                raw_resources,icondir
                )
        for cmd in [rawcmd,bmpcmd,icocmd]:
            try:
                os.system(cmd)
            except Exception,msg:
                pass
        for dirname in [icondir,bitmapdir]:
            for path in os.listdir(dirname):
                logging.info(path)
                path = os.path.join(dirname,path)
                imagehash = hash(open(path).read())
                if path.endswith(".png"):
                    self.images.append((path,imagehash))
                if path.endswith(".bmp"):
                    self.images.append((path,imagehash))
    def cleanup(self):
        os.system("rm -rf {0}".format(self.image_basedir))
```

```
# 在目标目录中搜索 PE 文件并从中提取图像
image_objects = []
for root,dirs,files in os.walk(args.target_path):❷
    for path in files:
        # 尝试解析路径以查看它是否是有效的 PE 文件
        try:
```

```
        pe = pefile.PE(os.path.join(root,path))
    except pefile.PEFormatError:
        continue
```

这个程序开始时非常类似于我们刚才讨论的主机名画图程序（从代码清单 4-8 开始）。它首先导入了包括 pefile 和 networkx 在内的许多模块。但是，这里我们还定义了 Extractimage 辅助类 ❶，用于从目标恶意软件样本中提取图像资源文件。然后程序进入一个循环，我们在循环中将遍历所有的目标恶意软件二进制文件 ❷。

现在我们已经处于循环中，这时候使用 ExtractImages 类从目标恶意软件二进制文件中提取图形资源（其内容就是第 1 章中讨论的 icoutils 程序的封装）。代码清单 4-13 显示完成以上工作的代码。

代码清单 4-13　从目标恶意软件中提取图形资源

```
    fullpath = os.path.join(root,path)
❶   images = ExtractImages(fullpath)
❷   images.work()
    image_objects.append(images)

    # 创建恶意软件与它们的图像相连接的网络
❸   for path, image_hash in images.images:
        # 在图像节点上设置图像属性，以告知 GraphViz 在这些节点呈现图像
        if not image_hash in network:
❹         network.add_node(image_hash,image=path,label='',type='image')
        node_name = path.split("/")[-1]
        network.add_node(node_name,type="malware")
❺     network.add_edge(node_name,image_hash)
```

首先，我们将目标恶意软件二进制文件的路径传递给 ExtractImages 类 ❶，然后调用结果实例的 work() 方法 ❷。ExtractImages 类中的结果就创建了一个存储恶意软件图像文件的临时目录，然后在 images 类属性中存储一个字典，其中包含关于每个图像文件的数据。

现在我们有了从 ExtractImages 中提取的图像列表，我们来遍历这个列表 ❸，如果是我们以前没有见过的图像哈希 ❹，就给它创建一个新的网络节点，并在网络中将当前处理的恶意软件样本连接到这个图像节点 ❺。

现在，我们已经创建了恶意软件样本与它们所包含的图像相连接的网络，接下来准备将这个图写入磁盘，如代码清单 4-14 所示。

代码清单 4-14　将图形写入磁盘

```
# 写入一个二分网络，然后执行两个投影并进行写入
❶ write_dot(network, args.output_file)
malware = set(n for n,d in network.nodes(data=True) if d['type']=='malware')
resource = set(network) - malware
malware_network = bipartite.projected_graph(network, malware)
resource_network = bipartite.projected_graph(network, resource)

❷ write_dot(malware_network,args.malware_projection)
write_dot(resource_network,args.resource_projection)
```

我们使用与代码清单 4-11 完全相同的方法来完成这个工作。首先，我们将整个网络写入磁盘 ❶，然后将两个投影（恶意软件的投影和图像文件的投影，这里我们称之为资源）写入磁盘 ❷。

你可以使用 image_network.py 来分析本书中任意恶意软件数据集中的图形资源，或者从你选择的恶意软件数据集中提取情报。

4.9　小结

在本章中，你学习了在你的恶意软件数据集上进行共享属性分析所需的工具和方法。具体而言，你学习了网络、二分网络和二分网络投影如何帮助识别恶意软件样本之间的社交关系，网络布局对网络可视化至关重要的原因以及力导向网络的工作原理。你还学习了如何使用 Python 和 NetworkX 等开源工具创建和可视化恶意软件网络。在第 5 章中，你将学习如何基于样本之间的代码共享关系来构建恶意软件网络。

第 5 章

共享代码分析

假设你在网络上发现了一个新的恶意软件样本，你将如何开始分析它？你可以将样本提交给多引擎反病毒扫描器（如 VirusTotal），以了解它属于哪个恶意软件家族。然而，这样的结果往往是不清楚或者是模糊的，因为引擎经常用"agent"之类的通用术语来标记恶意软件，而这些术语毫无意义。你还可以通过在 CuckooBox 或其他的恶意软件沙箱中运行该样本，以获得一份关于恶意软件样本回连服务器和其他行为的内容有限的检测报告。

当这些方法不能提供足够的信息时，你可能需要通过逆向工程对样本进行分析。在此阶段，共享代码分析可以极大地改善你的工作流程。通过揭示与新的恶意软件样本较为相似的之前分析过的老样本，从而揭示它们共享的代码，共享代码分析允许你复用以前的分析结果对新的恶意软件进行分析，这样你就不用从头开始分析了。了解此前看到的恶意软件的来源信息，也可以帮助你找出可能部署恶意软件的人。

共享代码分析，也称为相似性分析，是我们通过估计它们共享的预编译源代码的百分比来比较两个恶意软件样本的过程。它不同于共享属性分析，共享属性分析是根据恶意软件的外部属性（例如，它们所使用的桌面图标，或者它们回连的服务器）来比较恶意软件样本。

在逆向工程中，共享代码分析有助于识别可以一起分析的样本（因为它们来自相同的恶意软件工具包，或者是相同恶意软件家族的不同版本），这可以确定是否为相同的开发人员部署的一组恶意软件样本。

考虑代码清单 5-1 所示输出，它来自本章稍后将构建的一个程序，该程序将演示恶意软件共享代码分析的价值，它显示了可能与新样本共享代码的之前看到的样本，以及对这些旧样本所做的批注。

代码清单 5-1　　基本的共享代码分析结果

显示与 WEBC2-GREENCAT_sample_E54CE5F0112C9FDFE86DB17E85A5E2C5 相似的样本	
样本名称	共享代码
[*] WEBC2-GREENCAT_sample_55FB1409170C91740359D1D96364F17B	0.9921875
[*] GREENCAT_sample_55FB1409170C91740359D1D96364F17B	0.9921875
[*] WEBC2-GREENCAT_sample_E83F60FB0E0396EA309FAF0AED64E53F	0.984375
[批注] 这个样本被明确确定为来自去年 7 月份我们在 West Coast 网络上观察到的高级可持续威胁攻击团伙	
[*] GREENCAT_sample_E83F60FB0E0396EA309FAF0AED64E53F	0.984375

给定一个新的样本，共享代码估计允许我们在几秒钟内看到它可能与哪些样本共享代码以及我们对这些样本的了解情况。在这个例子中，它显示非常相似的样本来自已知的 APT 或高级可持续威胁，从而为这个新的恶意软件提供了非常直接的背景情况。

我们还可以使用你在第 4 章中学到的网络可视化方法来对样本的代码共享关系进行可视化。例如，图 5-1 显示了在一个高级可持续威胁数据集中，其样本之间的共享代码关系网络。

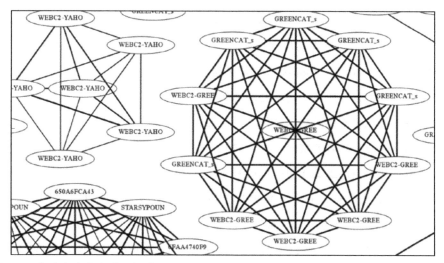

图 5-1　你将在本章中学习创建的可视化样例，显示某些 APT1 样本之间的共享代码关系

从可视化中可以看到，自动化共享代码分析技术可以快速发现恶意软件家族的存在，

这些家族通过手工分析可能需要几天或几周的时间才能发现，因此，在本章中，你将学习如何使用这些技术来完成以下任务：

- 识别来自相同恶意软件工具包或由相同攻击者编写的新的恶意软件家族。
- 确定新样本和以前见过的样本之间的代码相似性。
- 可视化恶意软件关系，以便更好地理解恶意软件样本之间的代码共享模式，并将结果传达给其他人。
- 使用我在本书构建的两个概念验证工具来实现这些想法，并允许你查看恶意软件的共享代码关系。

首先，我将为你介绍本章将使用的恶意软件测试样本，这些样本来自第 4 章的 PLA APT1 样本和各种犯罪软件（crimeware）样本。然后，你将学习数学上的相似性比较和 Jaccard 系数的概念，这是一种根据共享特征来比较恶意软件样本的集合理论方法。接下来，我将介绍特征的概念，以说明如何将它们与 Jaccard 系数结合使用，来估算两个恶意软件样本共享的代码量。你还将学习如何根据可用性来评价恶意软件的特征。最后，我们通过利用第 4 章中的网络可视化知识，创建如图 5-1 所示的多个层次的恶意软件代码共享可视化效果图。

本章所使用的恶意软件样本

在本章中，我们使用真实场景中彼此共享大量代码的恶意软件家族来进行实验。感谢 Mandiant 和 Mila Parkour 公司设计了这些可用的数据集，并将其提供给研究社区。但是事实上，你可能不知道这些恶意软件样本属于哪个家族，也不知道新发现的恶意软件样本与先前看到的样本之间有多大的相似程度。但是通过浏览一些我们确切知道的样本将是一个很好的实践，因为它允许我们验证对样本相似性的自动推断是否与我们对哪些样本实际上属于同一组的知识一致。

第一个样本来自我们在第 4 章中用于演示共享资源验证分析的 APT1 数据集。其他的样本包括成千上万的犯罪软件、恶意软件样本，这些软件由犯罪分子开发用来窃取人们的信用卡信息、将他们的电脑变成僵尸主机并连接到僵尸网络等。这些真实场景中的样本来自于一个为威胁情报研究人员提供付费服务的商业恶意软件数据源。

为了识别它们的家族名称，我将每个样本输入卡巴斯基反病毒引擎。卡巴斯基能够用鲁棒的层次分类方法对 30 104 个样本进行分类（例如 trojan.win32.jorik.skor.akr 表示 jorik.skor 家族），将 41 830 个样本分配到"未知"类中，给其余 28 481 个样本分配通用的标签（例如，通用的"win32 Trojan"标签）。

由于卡巴斯基的标签具有不一致性（例如 jorik 家族等一些卡巴斯基的标签分组代表了一系列非常广泛的恶意软件，而例如 webprefix 等其他的标签则代表了特定的变种集合），以及卡巴斯基经常漏报或者错误标记恶意软件的事实，我选择了卡巴斯基检测出的可信度较高的七类恶意软件，具体包括 dapato、pasta、skor、vbna、webprefix、xtoober 和 zango7 个家族。

5.1 通过特征提取对样本进行比较

在攻击者编译两个恶意二进制文件之前，我们如何开始估计它们共享的代码量呢？你可能考虑使用很多种方法来解决这个问题，但是关于这个问题已经发表的数百篇计算机科学研究论文中，有一个共同的主题是：为了估计二进制文件之间共享代码的数量，在进行比较之前，我们要将恶意软件样本进行"特征袋"（bag of features）分组。

我所说的特征是指我们在估计样本之间的代码相似性时任何可能需要考虑的恶意软件属性。例如，我们使用的特征可以是从二进制文件中提取的可打印字符串。我们不是把样本看作是一个由函数、导入的动态库等等组成的相互连接的系统，而是把恶意软件看作是一系列便于计算的独立特征袋（例如，从恶意软件中提取的一组字符串）。

5.1.1 特征袋模型如何工作

要了解特征袋是如何工作的，请考虑如图 5-2 所示两个恶意软件样本之间的维恩图。

在这里，样本 A 和样本 B 显示为特征袋（特征在维恩图中用椭圆表示）。我们可以通过检查这两个样本之间共享哪些特征来比较它们。计算两组特征之间的重叠很快，并且可以根据我们提出的任意特征来比较恶意软件样本的相似性。

例如，在处理加壳的恶意软件时，我们可能希望使用基于恶意软件动态运行日志的特征，这是由于在沙箱中运行恶意软件是让恶意软件自行解压的一种方式。在其他情况下，我们可以使用从静态恶意软件二进制文件中提取的字符串来执行比较。

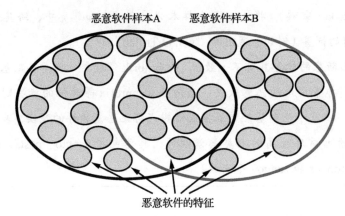

图 5-2　恶意代码共享分析的"特征袋"模型示意图

　　在恶意软件动态分析的场景中，对于不同的恶意软件样本，我们可能不仅仅想要比较它们共享的行为有哪些，还要对它们表现行为的顺序进行比较，或者我们称其为行为序列。一种常见的将序列信息用于恶意软件样本比较的方法是使用 N-gram 扩展特征包模型来处理序列数据。

5.1.2　N-gram

　　N-gram 是指在某个较大事件序列中的一个特定长度 N 的事件子序列。我们在顺序数据上通过滑动窗口来从较大的序列中提取该子序列。也就是说，我们通过遍历序列来获得 N-gram，并且在其每一步中，如图 5-3 所示，会记录从索引 i 处的事件开始到索引 $i + N - 1$ 处的事件结束这 N 个事件的子序列。

　　在图 5-3 中，整数序列（1, 2, 3, 4, 5, 6, 7）被转换成 5 个长度为 3 的子序列：（1, 2, 3）、（2, 3, 4）、（3, 4, 5）、（4, 5, 6）、（5, 6, 7）。

　　当然，我们可以对任何顺序数据执行这个操作。例如，对"how now brown cow"这个句子提取字长为 2 的 N-gram 序列，将产生以下子序列："how now"、"now brown"和"brown cow"。在恶意软件分析中，我们会提取一个恶意软件样本进行 API 调用的 N-gram 序列。然后我们会将恶意软件表示为一个特征袋，并使用 N-gram 特征将恶意软件样本与其他一些恶意软件样本的 N-gram 进行比较，从而将序列信息整合进特征袋比较模型中。

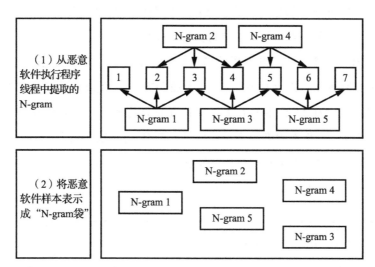

图 5-3　如何从恶意软件的汇编指令和动态 API 调用序列中提取 N-gram 的直观示意图（其中 *N* = 3）

我们在恶意软件样本比较中包含序列信息是有利有弊的。优点是，当顺序在比较中很重要时（例如，当我们关心 API 调用 A 要在 API 调用 B 之前观察到，同时 API 调用 B 要在 API 调用 C 之前观察到），它允许我们捕获顺序，但是当顺序显得不必要时（例如，恶意软件在每次运行时随机调用 A、B、C 这三个 API），它实际上使我们的共享代码估计变得更加糟糕。是否决定要在我们的恶意软件共享代码估计工作中包含顺序信息取决于我们面对的恶意软件类型，同时也要求我们结合实验进行判断。

5.2　使用 Jaccard 系数量化相似性

一旦你将一个恶意软件样本表示成为一个特征袋，你就需要度量该样本的特征袋与其他样本的特征袋之间的相似性程度。为了估计两个恶意软件样本之间的代码共享程度，我们使用了一个具有以下属性的相似性函数：

- 它生成一个归一化后的值，这样恶意软件样本之间的相似性比较可以放在相同的尺度上进行。常规来说，这个函数应该从范围 0（没有代码共享）到 1（样本之间代码进行百分之百共享）之间产生值。

- 该函数应该帮助我们对两个样本之间的代码共享做出准确的估计（我们可以通过实验从经验上确定这一点）。
- 我们应该能够很容易地理解为什么函数模型代码相似性很好（它不应该是一个复杂的数学黑盒子，需要花很多精力去理解或解释）。

Jaccard 系数是一个具有这些性质的简单函数。事实上，即使安全研究社区已经尝试过其他代码相似性估计的数学方法（例如，余弦距离、L1 距离、欧式 [L2] 距离，等等），但是 Jaccard 系数是最广泛采用的方法，并且有充分的理由。它简单而直观地表达了两组恶意软件特征之间的重叠程度，为我们提供了两组恶意软件特征中共有特征的百分比，该百分比由两组恶意软件中所有存在特征的百分比进行归一化而来。

图 5-4 展示了 Jaccard 系数值的样例。

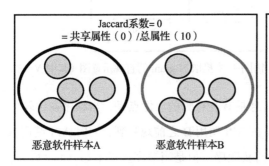
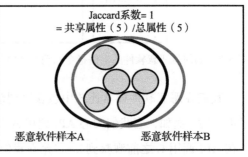
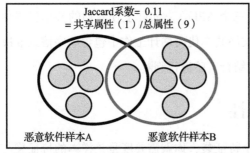
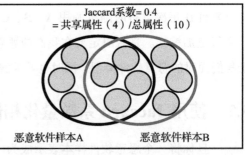

图 5-4　Jaccard 系数背后思想的示意图

这里显示了从四对恶意软件样本中提取的四对恶意软件特征。每幅图像分别显示了两组样本之间共享的特征、两组之间没有共享的特征以及给定的恶意软件样本对和相关特征的 Jaccard 系数结果。你可以看到，样本之间的 Jaccard 系数就是样本之间共享的特征数量除以在维恩图中绘制的特征总数。

5.3 使用相似性矩阵评价恶意软件共享代码估计方法

让我们用四种方法来讨论如何确定两个恶意软件样本是否来自同一个家族：基于指令序列的相似性、基于字符串的相似性、基于导入地址表的相似性和基于动态 API 调用的相似性。为了比较这四种方法，我们将使用相似性矩阵可视化技术。我们在这里的目标是比较每种方法在显示样本之间共享代码关系的能力方面的相对优势和劣势。

首先，让我们回顾一下相似性矩阵的概念。图 5-5 使用相似性矩阵比较了一组假想的四个恶意软件样本。

这个矩阵允许你查看所有样本之间的相似性关系。你可以看到这个矩阵浪费了一些空间。例如，我们不关心阴影框中所表示的相似性，因为这些条目只包含了给定样本与自身之间的比较结果。你还可以看到阴影框两边的信息都是重复的，所以你只需要查看其中一边的信息即可。

图 5-6 给出了一个实际场景中的恶意软件相似性矩阵示例。需要注意的是，由于图中显示的恶意软件样本数量

	样本1	样本2	样本3	样本4
样本1	1和1之间的相似性	1和2之间的相似性	1和3之间的相似性	1和4之间的相似性
样本2	2和1之间的相似性	2和2之间的相似性	2和3之间的相似性	2和4之间的相似性
样本3	3和1之间的相似性	3和2之间的相似性	3和3之间的相似性	3和4之间的相似性
样本4	4和1之间的相似性	4和2之间的相似性	4和3之间的相似性	4和4之间的相似性

图 5-5 相似性矩阵的概念示意图

较多，每个相似性值都用一个阴影像素表示。我们不是在图中呈现每个样本的名称，而是沿着横轴和纵轴呈现每个样本的家族名。一个完美的相似性矩阵就像从左上角到右下角对角线上的一连串白色正方形，因为代表每个家族的行和列被分组在一起，我们希望所有给定家族的样本彼此之间是类似的，但不能与其他家族的样本相似。

在图 5-6 所示的结果中，你可以看到一些家族方块完全是白色的——这些是很好的结果，因为家族方块中的白色像素表示同一家族的样本之间推断出的相似关系。有些颜色更深，这意味着我们没有发现强烈的相似关系。最后，有时在家族方块外会出现像素线，这要么是相关恶意软件家族的证据，要么是误报，这意味着我们检测到了家族之间的代码共享，尽管它们在本质上是不同的。

接下来，我们将使用如图 5-6 所示的相似性矩阵来可视化地对比四种不同的代码共享评价方法的结果，从基于指令序列的相似性分析描述开始。

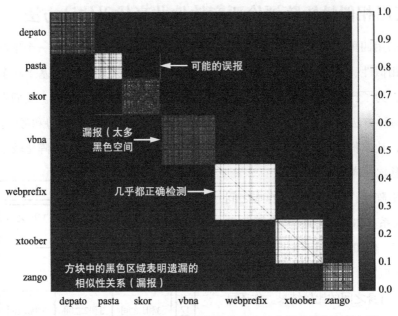

图 5-6　在 7 个恶意软件家族上计算实际场景中恶意软件的相似性矩阵

5.3.1　基于指令序列的相似性

　　根据共享的代码量来比较两个恶意软件二进制文件最直观的方法是比较它们的 x86 汇编指令序列，因为共享指令序列的样本很可能在编译之前就共享了实际的源代码。这需要使用例如第 2 章介绍的线性反汇编技术来对恶意软件样本进行反汇编。然后，我们可以使用前面讨论的 N-gram 方法按照指令在恶意软件文件 .text 段中出现的顺序来提取指令序列。最后，我们可以使用 N-gram 指令序列计算样本之间的 Jaccard 系数，用以帮助我们估计它们共享了多少代码。

　　我们在 N-gram 提取过程中所使用 N 值的大小视我们的分析目标而定。N 的值越大，我们提取的指令子序列也就越大，从而导致恶意软件样本的序列就越难匹配。将 N 设置为一个较大的数值有助于识别那些极有可能彼此共享代码的样本。另一方面，你为了找出样本之间细微的相似点，或者你假设样本使用指令重新排序来模糊相似性分析的话，可以将 N 的值设置得更小一些。

　　在图 5-7 中，N 的值被设置成 5，这是一个冒险的设置，结果可能会使样本更难匹配。

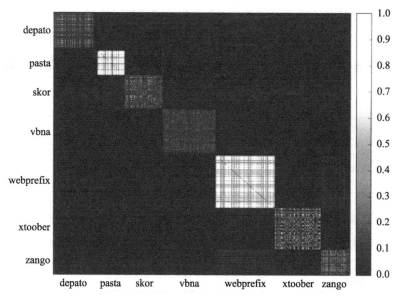

图 5-7　在使用 *N*=5 时，指令 N-gram 特征生成的相似性矩阵，我们完全忽视了许多
　　　　家族的相似性关系，但在 webprefix 和 pasta 家族上却表现得很好

　　图 5-7 中的结果并不是非常令人信服。虽然基于指令的相似性分析能够正确识别一些
家族之间的相似性，但是在其他家族中却不能识别（例如，它在 dapato、skor 和 vbna 家
族中检测到很少的相似性关系）。但是，值得注意的是，在这个分析中很少有误报（来自
不同家族样本之间的相似性错误推断，以及来自相同家族样本之间的相似性真实推断）。

　　如上所述，基于指令子序列的共享代码分析有一个局限，就是它可能会忽视样本之
间的许多代码共享关系。这是因为恶意软件样本可能会被加壳，只有当我们执行恶意软
件样本并让它们自己解包后，它们的大部分指令才会显示出来。如果不对我们的恶意软
件样本进行解包，基于指令序列的共享代码估计方法可能收效不佳。

　　即使当我们对恶意软件样本进行解包处理时，由于源代码编译过程中引入的噪声，
这种方法也可能存在问题。实际上，编译器可以将相同的源代码编译成完全不同的汇编
指令序列。以 C 语言编写的简单函数为例：

```
int f(void) {
    int a = 1;
    int b = 2;
 ❶ return (a*b)+3;
}
```

你可能认为不论什么样的编译器，函数都将缩减成相同的汇编指令序列。但实际上，编译在很大程度上不仅取决于你所使用的编译器，而且还取决于编译器的设置。例如，使用 clang 编译器并在其默认设置下编译这个函数，会得到以下与源代码中 ❶ 所在行对应的指令：

```
movl    $1, -4(%rbp)
movl    $2, -8(%rbp)
movl    -4(%rbp), %eax
imull   -8(%rbp), %eax
addl    $3, %eax
```

相反地，将编译器用 -O3 标志进行设置后编译相同的函数，这个标志告诉了编译器优化代码的运行速度，则源代码中的同样一行代码会生成以下汇编指令：

```
movl    $5, %eax
```

第二个样例与第一个样例相比，其不同之处在于，编译器预先计算了函数的结果，而不是像第一个编译样例中那样显式地进行计算它。这意味着如果我们基于指令序列比较这些函数，它们就根本不会出现相似的结果，即便实际上它们确实是从完全相同的源代码编译得到的。

在我们查看其汇编指令时，除了相同的 C 和 C++ 代码会出现非常大的不同之外，当我们基于汇编代码比较二进制文件时还会出现另外一个问题：现在许多恶意软件二进制文件都是用像 C # 这样的高级语言编写的。这些二进制文件包含标准的样板汇编代码，这些代码简单地解释了这些更高级语言的字节码。因此，虽然用相同的高级语言编写的二进制文件可能共享非常相似的 x86 指令，但是它们实际的字节码可能反映其来自非常不同的源代码。

5.3.2　基于字符串的相似性

我们可以通过提取样本中所有连续的可打印字符序列来计算基于字符串的恶意软件相似性，然后根据它们共享字符串的关系来计算所有恶意软件样本对之间的 Jaccard 系数。

这种方法解决了编译器问题，因为从二进制文件中提取的字符串往往是程序员定义的格式化字符串，编译器一般规则下是不会进行转换的，无论恶意软件作者使用什么样的编译器或者给编译器设置了什么样的参数。例如，从恶意软件二进制文件中提取的典型字符串可能是"Started key logger at %s on %s and time %s."不论编译器如何设置，这个字符串在多个二进制文件中看起来是相同的，这与它们是否基于相同的源代码库有关。

图 5-8 显示了基于字符串的代码共享指标如何在犯罪软件数据集中识别正确的代码共享关系。

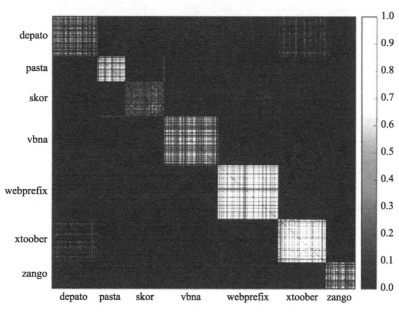

图 5-8　使用字符串特征生成的相似性矩阵

乍一看，这种方法比基于指令的方法在识别恶意软件家族方面做得好得多，准确地恢复了所有 7 个家族的大部分相似性关系。然而，与指令相似性方法不同的是，它会有一些误报，因为它错误地预测了 xtoober 和 dapato 共享某种程度的代码。同样值得注意的是，这种方法在一些家族中没有检测到样本之间的相似性，特别是在 zango、skor 和 dapato 三个家族中表现得尤为糟糕。

5.3.3　基于导入地址表的相似性

我们可以通过比较恶意软件二进制文件生成的 DLL 导入来计算我所说的"基于导入地址表的相似性"。这种方法背后的思想是，即使恶意软件作者重新排序了指令，混淆了恶意软件二进制文件的初始化数据部分，并且实现了简单的反调试器和反 VM 反分析技术，他们也可能保留了完全相同的导入声明。导入地址表方法的结果如图 5-9 所示。

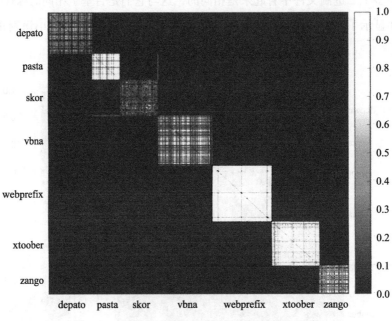

图 5-9   使用导入地址表特征生成的相似性矩阵

这个图显示了，导入地址表方法在估计 webprefix 和 xtoober 这两个家族样本之间的相似性关系方面比前述所有方法的效果都更好，即便它忽视了很多 skor、dapato 和 vbna 家族之间的关系，但是它的总体效果也非常好。同样值得注意的是，这种方法在我们的实验数据集中几乎没有出现误报。

5.3.4   基于 API 动态调用的相似性

本章介绍的最后一种比较方法是动态软件相似性。比较动态序列的优势在于，即使恶意软件样本被极度混淆或加壳，只要它们来自相同的代码或彼此借用代码，它们也会倾向于在沙箱虚拟机中执行类似的操作序列。要实现这种方法，你需要在沙箱中运行恶意软件样本，并记录它们所进行的 API 调用，从动态日志中提取 N-gram API 调用，最后通过在它们的 N-gram 包之间使用 Jaccard 系数来比较这些样本。

图 5-10 显示，在大多数情况下，动态 N-gram 相似性方法与基于导入地址表和字符串方法的效果差不多。

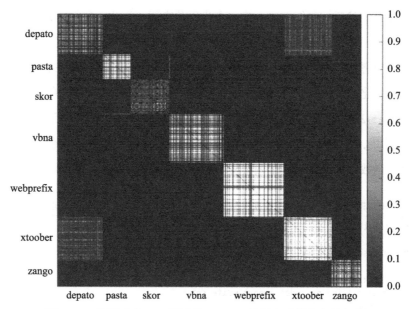

图 5-10　使用动态 API 调用的 N-gram 特征生成的相似性矩阵

这里不完美的结果表明这种方法也不是万能药。仅仅在沙箱中运行恶意软件不足以触发它的许多行为。例如，命令行恶意软件工具的变种可能会也可能不会启用重要的代码模块，即使它们可能共享大部分代码，但结果也将导致其执行不同的行为序列。

另一个问题是，一些样本在检测到它们在沙箱中运行后会立即退出执行，从而使我们几乎没有什么信息可以进行比较。总之，与我概述的其他相似性方法一样，动态 API 调用序列的相似性方法并不完美，但它可以提供关于样本之间相似性的深刻见解。

5.4　构建相似图

现在你已了解识别恶意软件代码共享方法背后的概念，那么让我们构建一个简单的系统，来对恶意软件数据集进行这个分析。

首先，我们通过提取我们想要使用的特征来估计样本共享的代码量。这些可以是前面描述的任何特征，例如基于导入地址表的函数、字符串、N-gram 指令或者是 N-gram 动态行为。在这里，我们将使用可打印字符串作为特征，原因是它们的执行效果很好，并且易于提取和理解。

一旦我们提取了字符串特征，我们需要遍历每一对恶意软件样本，使用 Jaccard 系数来比较它们的特征。然后，我们需要构建一个代码共享图。为此，我们首先需要确定一个阈值，该阈值定义了两个样本共享代码的比例——我在我自己的研究中使用的标准值是 0.8。如果给定的一对恶意软件样本的 Jaccard 系数值比这个值要大，我们将在它们之间创建一个连接来进行可视化。最后一步是研究图表，看看哪些样本通过共享代码关系进行连接。

代码清单 5-2 到代码清单 5-6 包含了我们的示例程序。由于代码清单很长，所以我把它分成了几块，并对每一块进行解释。代码清单 5-2 导入了我们将使用的库，并声明了 jaccard() 函数，该函数计算了两个样本特征集之间的 Jaccard 系数。

代码清单 5-2　用于计算两个样本之间 Jaccard 系数的导入和辅助函数

```python
#!/usr/bin/python

import argparse
import os
import networkx
from networkx.drawing.nx_pydot import write_dot
import itertools

def jaccard(set1, set2):
    """
    计算两个集合之间的 Jaccard 距离，方法是取它们的交集、并
    集，然后将交集中的元素数除以它们的并集中的元素数。
    """
    intersection = set1.intersection(set2)
    intersection_length = float(len(intersection))
    union = set1.union(set2)
    union_length = float(len(union))
    return intersection_length / union_length
```

接下来，在代码清单 5-3 中，我们声明了两个额外的实用程序函数：getstring() 和 pecheck()，getstring() 在我们将要分析的恶意软件文件中找到可打印的字符串序列集，pecheck() 确保目标文件确实是 Windows PE 文件。在稍后对目标恶意软件二进制文件进行特征提取的时候，我们将使用这些函数。

代码清单 5-3　声明我们将在特征提取中所使用的函数

```python
def getstrings(fullpath):
    """
    从 'fullpath' 参数指示的二进制文件中提取字符串，然后返回二进
    制文件中已去重的字符串集。
    """
    strings = os.popen("strings '{0}'".format(fullpath)).read()
    strings = set(strings.split("\n"))
```

```
    return strings

def pecheck(fullpath):
    """
    做一个粗略的合理性检查以确保 'fullpath' 指示的文件是 Windows
    PE 可执行文件 (PE 可执行文件以 'MZ' 这两个字节开头)
    """
    return open(fullpath).read(2) == "MZ"
```

接下来，在代码清单 5-4 中，我们解析用户的命令行参数。这些参数包括我们将要分析的恶意软件所在的目标目录、我们将我们构建的共享代码网络所要写入的 .dot 输出文件，以及 Jaccard 系数的阈值，这个阈值决定了两个样本之间的 Jaccard 系数要达到多少，才能让程序决定它们是彼此共享一个公共代码库。

代码清单 5-4　解析用户的命令行参数

```
If __name__ == "__main__":
    parser = argparse.ArgumentParser(
        description="识别恶意软件样本的相似性并构建相似性图 "
    )

    parser.add_argument(
        "target_directory",
        help=" 包含恶意软件的目录 "
    )

    parser.add_argument(
        "output_dot_file",
        help=" 保存 DOT 输出图文件的位置 "
    )

    parser.add_argument(
        "--jaccard_index_threshold", "-j", dest="threshold", type=float,
        default=0.8, help=" 在样本间建立“边”的阈值 "
    )

    args = parser.parse_args()
```

接下来，在代码清单 5-5 中，我们使用前面声明的辅助函数来完成程序的主要工作：在目标目录中查找 PE 二进制文件，从中提取特征，并初始化一个用来表示二进制文件之间相似性关系的网络。

代码清单 5-5　从目标目录的 PE 文件中提取特征并初始化共享代码网络

```
malware_paths = []  # 我们将存储恶意软件文件的路径
malware_features = dict()  # 我们将存储恶意软件字符串的路径
```

```
graph = networkx.Graph()  # 相似性图

for root, dirs, paths in os.walk(args.target_directory):
    # 遍历目标目录树，并存储所有文件路径
    for path in paths:
        full_path = os.path.join(root, path)
        malware_paths.append(full_path)

# 过滤掉所有不是 PE 文件的路径
malware_paths = filter(pecheck, malware_paths)

# 获取并存储所有 malware PE 文件中的字符串
for path in malware_paths:
    features = getstrings(path)
    print "Extracted {0} features from {1} ...".format(len(features), path)
    malware_features[path] = features

    # 将每个恶意软件添加到图里
    graph.add_node(path, label=os.path.split(path)[-1][:10])
```

从我们的目标样本中提取特征后，我们需要迭代每对恶意软件样本，使用 Jaccard 系数比较它们的特征。我们在代码清单 5-6 中执行此操作。我们还构建了一个代码共享图，如果样本的 Jaccard 系数高于某个用户定义的阈值，则将它们连接在一起。在我的研究中，我发现最有效的阈值是 0.8。

从我们的目标样本中提取特征后，我们需要迭代每对恶意软件样本，使用 Jaccard 系数比较它们的特征。我们在代码清单 5-6 中完成这个工作。我们还将构建一个代码共享图，其中如果 Jaccard 系数高于某个用户定义的阈值，就将样本连接在一起。我发现在我的研究中效果最好的阈值设置是 0.8。

代码清单 5-6   用 Python 创建代码共享图

```
# 遍历所有恶意软件对
for malware1, malware2 in itertools.combinations(malware_paths, 2):

    # 对当前对计算 jaccard 距离
    jaccard_index = jaccard(malware_features[malware1], malware_features[malware2])

    # 如果 jaccard 距离大于阈值，增加一条边
    if jaccard_index > args.threshold:
        print malware1, malware2, jaccard_index
        graph.add_edge(malware1, malware2, penwidth=1+(jaccard_index-args.threshold)*10)

# 将图写入磁盘便于我们进行可视化
write_dot(graph, args.output_dot_file)
```

在使用代码清单 5-2 到代码清单 5-6 中的代码对 APT1 恶意软件样本处理后，就生成如图 5-11 所示的图表。要展现这个图表，你需要使用 Graphviz 工具的 fdp（已在第 4 章中讨论）并输入命令 fdp -Tpng network.dot -o network.png 来完成。

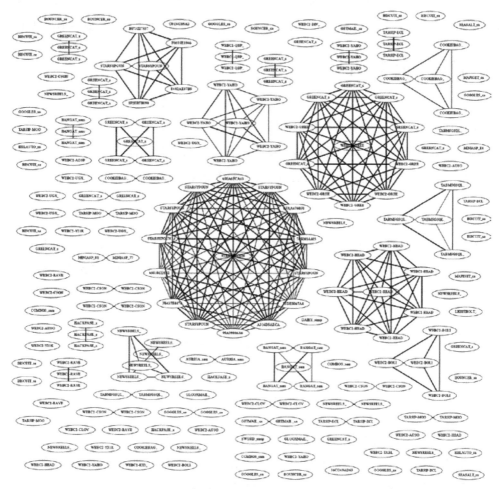

图 5-11　完整的基于字符串的 APT1 样本相似性图

这一输出的惊人之处在于，在几分钟之内，我们重现了 APT1 原始分析师在他们的报告中所做的大量手工和艰苦的工作，识别了这些国家级攻击者所使用的许多恶意软件家族。

我们知道，相对于这些分析师进行的手工逆向工程工作，我们的方法执行得很准确，因为节点上的名称是 Mandiant 分析师给它们的名称。在图 5-11 所示的网络可视化示意图中，你可以看到名称相似的样本组合在了一起，例如中间圆圈内的"STARSYPOUN"样本。因为在我们网络可视化示意图中，恶意软件会自动按照与这些家族名对齐的方式进行分组，所以我们的方法似乎与 Mandiant 恶意软件分析师的结果"一致"。你可以扩展代码清单 5-2 到代码清单 5-6 中的代码，并将其应用于你自己的恶意软件来获取类似的情报。

5.5　扩展相似性比较

虽然代码清单 5-2 到代码清单 5-6 中的代码在小型恶意软件数据集上的效果很好，但它不能很好地处理大规模的恶意软件样本。这是因为比较数据集中所有恶意软件样本对的计算量是随样本数量的增加而指数增长。具体来说，下面的等式给出了在大小为 n 的数据集上计算相似性矩阵所需的 Jaccard 系数计算次数：

$$\frac{n^2-n}{2}$$

例如，让我们回到图 5-5 中的相似性矩阵，看看我们计算这四个样本需要多少个 Jaccard 系数。乍一看，你可能会说 $16(4^2)$，因为矩阵中有这么多少个单元格。但是，因为矩阵的底部三角形包含了矩阵顶部三角形的重复，所以我们不需要计算两次。这意味着我们可以从总计算次数中减去 6。此外，我们不需要将恶意软件样本与自身进行比较，因此我们可以从矩阵中删除对角线，从而允许我们再减去 4 次计算。

所需的计算量如下：

$$\frac{4^2-4}{2} = \frac{16-4}{2} = 6$$

这似乎是可控的，例如，直到我们的数据集增长到 10 000 个恶意软件样本时，将需要 49 995 000 次计算。一个包含 50 000 个样本的数据集需要 1 249 975 000 个 Jaccard 系数计算！

为了扩展恶意软件相似性比较，我们需要使用随机比较近似算法。其基本思想是允许我们在比较计算时出现一些错误，来换取计算时间的缩减。被称为 minhash 的近似比较方法可以很好地实现了这一目的。minhash 方法允许我们使用近似方法计算 Jaccard 系数，避免计算低于某个预设相似性阈值的非相似恶意软件样本之间的相似性，从而使我们可以分析数百万个样本之间的共享代码关系。

在阅读 minhash 的工作原理之前，请注意这是一个需要一些时间才能理解的复杂算法。如果你决定跳过 5.5.2 节，只需阅读 5.5.1 节并使用提供的代码，你就可以毫无问题地扩展代码共享分析。

5.5.1　minhash 概述

minhash 获取恶意软件样本的特征，并使用 k 个哈希函数对其进行哈希处理。对于每个哈希函数，我们只保留在所有特征上计算的哈希值的最小值，以便将恶意软件特征集减少为 k 个整数的固定大小数组，我们将其称为 minhash。要基于两个样本的 minhash 数组计算它们之间的近似 Jaccard 系数，你现在只需检查 k 个 minhash 中有多少匹配，然后将其除以 k。

神奇的是，从这些计算中得出的数字与任意两个样本之间的 Jaccard 系数非常接近。使用 minhash 而不是 Jaccard 系数的文本计算，其好处是计算起来要快得多。

实际上，我们甚至可以使用 minhash 巧妙地在数据库中索引恶意软件，这样我们只需要计算可能相似的恶意软件样本之间的比较，由于它们中至少有一个哈希值匹配，从而大大加快了恶意软件数据集内部的相似性计算速度。

5.5.2　minhash 详述

现在让我们深入讨论 minhash 背后的数学原理。图 5-12 显示了两个恶意软件样本的特征集（用阴影圆圈表示）、它们是如何计算哈希的，然后根据它们的哈希值进行排序，以及如何根据每个恶意软件样本列表中第一个元素的值进行最终比较。

第一个元素匹配的概率等于样本之间的 Jaccard 系数。至于这个结果的原理是什么已经超出了本书的范围，但这个偶然的事实让我们可以使用哈希值来近似 Jaccard 系数。

当然，如果我们仅仅执行一次哈希、排序和第一个元素检查操作，这并不能告诉我们很多——哈希值要么匹配要么不匹配，并且我们无法根据一次匹配就非常准确地估计隐含的 Jaccard 系数。为了更好地估计这个隐含值，我们必须使用 k 个哈希函数并重复进行 k 次操作，然后通过将第一个元素匹配的次数除以 k 来估计 Jaccard 系数。我们估计 Jaccard 系数所预期的误差定义如下：

$$\frac{1.0}{\sqrt{k}}$$

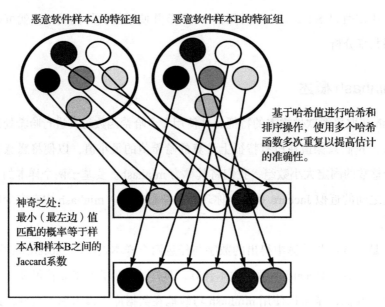

图 5-12 minhash 方法背后的思想示意图

因此，我们执行这个过程的次数越多，我们就越肯定（我倾向于将 k 设置为 256，这样估计值平均会降低 6%）。

假设我们为包含一百万个样本的恶意软件数据集中的每个恶意软件样本计算一个 minhash 数组。那么我们如何使用 minhash 方法来加速对数据集中的恶意软件家族的搜索？我们可以遍历数据集中的每对恶意软件样本并比较它们的 minhash 数组，这将导致 499 999 500 000 次比较。尽管比较 minhash 数组要比计算 Jaccard 系数要更快一些，但在现代硬件上进行这种比较次数还是太多了。我们需要一些利用 minhash 的方法来进一步优化比较过程。

解决这个问题的标准方法是使用草图和数据库索引相结合的方法，这个方法创建了一个系统，在这个系统中，我们只比较我们已经知道很可能相似的样本。我们将多个 minhash 进行哈希处理从而绘制形成一个草图。

当我们获得一个新样本时，我们检查数据库中是否包含与新样本草图匹配的任何草图。如果有的话，则使用 minhash 数组对新样本和与之匹配的样本进行比较，以近似新样本与较旧的相似样本之间的 Jaccard 系数。这么做避免了必须将新样本与数据库中的所有样本进行比较，而只与那些极有可能与新样本具有较高 Jaccard 系数的样本进行比较。

5.6　构建持续的恶意软件相似性搜索系统

现在你已经了解了使用各种类型的恶意软件特征来估计恶意软件样本之间共享代码关系的优缺点。你还了解了 Jaccard 系数、相似性矩阵,以及 minhash 如何在非常大的数据集中使恶意软件样本之间的相似性计算变得易于处理。掌握了所有这些知识,你就理解了构建可扩展的恶意软件共享代码搜索系统所需的所有基础概念。

代码清单 5-7 到代码清单 5-12 展示了一个简单系统的例子,在这个系统中,我根据恶意软件的字符串特征为它们建立索引。在你自己的工作中,你应该有信心对系统进行修改以使用其他恶意软件特征,或者进行系统扩展以支持更多的可视化功能。由于代码清单较长,所以我进行了分解,并将依次介绍每个部分的内容。

首先,代码清单 5-7 导入了我们程序所需的 Python 包。

代码清单 5-7　导入 Python 模块并声明 minhash 相关的常量

```python
#!/usr/bin/python

import argparse
import os
import murmur
import shelve
import numpy as np
from listings_5_2_to_5_6 import *

NUM_MINHASHES = 256
SKETCH_RATIO = 8
```

在这里,我导入了 murmur、shelve 和 sim_graph 等包。例如,murmur 是一个哈希程序库,我们用它来计算刚才讨论的 minhash 算法。我们使用 shelve(Python 标准库中包含的一个简单的数据库模块)存储关于样本及其 minhash 的信息,并将其用于计算相似性。我们使用 listings_5_2_to_5_6.py 来获取用于计算样本相似性的函数。

我们还在代码清单 5-7 中声明了两个常量:NUM_MINHASHES 和 SKETCH_RATIO,它们分别对应于 minhash 的数量和我们为每个样本计算的 minhash 与草图之间的比例。回想一下,我们使用的 minhash 和草图越多,我们的相似性计算结果就越精确。例如,256 个 minhash 和 8:1 的比例(32 个草图)就足以在较低的计算成本下获得可接受的精确度。

代码清单 5-8 实现了对我们用来存储恶意软件样本信息的 shelve 数据库进行初始化、访问和删除等操作的数据库功能。

代码清单 5-8　数据库辅助函数

```
❶ def wipe_database():
      """
      这里使用 python 标准库 'shelve' 数据库来保存信息，将数据库存储在与实际 Python
      脚本同一目录下的文件 'samples.db' 中。'wipe_database' 可有效地删除这个文件以
      重新设置系统。
      """
      dbpath = "/".join(__file__.split('/')[:-1] + ['samples.db'])
      os.system("rm -f {0}".format(dbpath))

❷ def get_database():
      """
      检索 'shelve' 数据库的辅助函数，这是一个简单的键值对存储
      """
      dbpath = "/".join(__file__.split('/')[:-1] + ['samples.db'])
      return shelve.open(dbpath,protocol=2,writeback=True)
```

我们定义 wipe_database() 函数 ❶ 来删除程序的数据库，以备我们想擦除存储的样本信息并重新开始。然后我们定义 get_database() 函数 ❷ 来打开我们的数据库，如果它还不存在则创建它，然后返回一个数据库对象，允许我们存储和检索与恶意软件样本相关的数据。

代码清单 5-9 实现了我们进行共享代码分析的核心代码片段：minhash。

代码清单 5-9　获取样本的 minhash 和草图

```
  def minhash(features):
      """
      这是 minhash 之所以神奇的地方，它能同时计算样本特征的 minhash 值和那些
      minhash 值的草图。需要计算的 minhash 值和草图的数量由脚本顶部声明的 NUM_
      MINHASHES 和 NUM_SKETCHES 两个全局变量控制。
      """
      minhashes = []
      sketches = []
❶ for i in range(NUM_MINHASHES):
      minhashes.append(
❷      min([murmur.string_hash(`feature`,i) for feature in features])
      )
❸ for i in xrange(0,NUM_MINHASHES,SKETCH_RATIO):
❹    sketch = murmur.string_hash(`minhashes[i:i+SKETCH_RATIO]`)
      sketches.append(sketch)
      return np.array(minhashes),sketches
```

我们循环 NUM_MINHASHES❶ 所定义的次数，并添加一个 minhash 值。每个 minhash 值都是通过对所有特征进行哈希处理，然后取最小的哈希值而得。为了执行这个计算，我们使用 murmur 包中的 string_hash() 函数计算特征的哈希值，然后通过调用 Python 的

min()函数 ❷ 获取哈希列表中的最小值。

string_hash 的第二个参数是一个种子值，它使哈希函数根据种子值映射到不同的哈希值。因为每个 minhash 值都需要一个唯一的哈希函数，这样使得我们所有的 256 个最小哈希值都不相同，所以在每次迭代中，我们都使用计数器的值 *i* 作为 string_hash 函数的种子值，这使得特征在每次迭代中映射到不同的哈希值。

然后，我们循环遍历我们计算的 minhash 值并使用这些 minhash 值来计算草图 ❸。回想一下，草图是多个 minhash 值的哈希值，我们将其用于恶意软件样本的数据库索引，以便我们可以通过查询数据库快速检索可能彼此相似的样本。在下一个代码清单中，我们使用 SKETCH_RATIO 定义的步长循环遍历所有样本的 minhash 值，并在我们获取草图时对每一个哈希块进行哈希计算。最后，我们使用 murmur 包的 string_hash 函数对 minhash 值一起进行哈希计算 ❹。

代码清单 5-10 使用代码清单 5-8 中的 get_database() 函数、我们导入的 sim_graph 模块中的 getstring() 函数，以及代码清单 5-9 中的 minhash() 函数，来创建一个将样本索引到系统数据库中的函数。

代码清单 5-10　通过将草图作为键把样本的 minhash 值存储在 shelve 数据库

```
def store_sample(path):
    """
    将样本及其 minhash 值和草图存储在 'shelve' 数据库中的函数
    """
 ❶ db = get_database()
 ❷ features = getstrings(path)
 ❸ minhashes,sketches = minhash(features)

 ❹ for sketch in sketches:
        sketch = str(sketch)
     ❺ if not sketch in db:
            db[sketch] = set([path])
        else:
            obj = db[sketch]
         ❻ obj.add(path)
            db[sketch] = obj
        db[path] = {'minhashes':minhashes,'comments':[]}
        db.sync()

    print "Extracted {0} features from {1} ...".format(len(features),path)
```

我们调用 get_database() ❶、getstrings() ❷ 和 minhash() ❸ 这三个函数，然后

开始遍历样本的草图 ❹。接下来，为在数据库中索引样本，我们使用一种称为反向索引的技术，它允许我们存储样本时根据其草图值而不是 ID。更具体地来说，对于样本的 32 个草图值中的每一个，我们在数据库中查找该草图的记录，并将我们的样本 ID 附加到与该草图相关联的样本列表中。在这里，我们使用样本的文件系统路径作为其 ID。

你可以在代码中看到它是如何实现的：循环遍历我们为样本计算的草图 ❹，如果草图尚不存在，我们会为草图创建一条记录（将样本与草图进行关联）❺，最后，如果草图的记录确实存在，我们将样本所在路径添加到样本路径所关联的草图集中 ❻。

代码清单 5-11 显示了两个重要函数的声明：comment_sample() 和 search_sample() 函数。

代码清单 5-11　允许用户对样本进行注释并搜索与查询样本相似的样本的声明函数

```
❶ def comment_sample(path):
       """
       允许用户对样本进行注释的函数。每当在与某些新样本相似的样本列表中看到这个样
       本时，用户提供的注释就会出现，允许用户复用其关于恶意软件数据库的知识。
       """
       db = get_database()
       comment = raw_input("Enter your comment:")
       if not path in db:
           store_sample(path)
       comments = db[path]['comments']
       comments.append(comment)
       db[path]['comments'] = comments
       db.sync()
       print "Stored comment:", comment

❷ def search_sample(path):
       """
       函数搜索与 'path' 参数提供的样本相似的样本，列出其注释、文件名和相似性值
       """
       db = get_database()
       features = getstrings(path)
       minhashes, sketches = minhash(features)
       neighbors = []

❸     for sketch in sketches:
           sketch = str(sketch)

           if not sketch in db:
               continue

❹         for neighbor_path in db[sketch]:
               neighbor_minhashes = db[neighbor_path]['minhashes']
               similarity = (neighbor_minhashes == minhashes).sum()
               / float(NUM_MINHASHES)
               neighbors.append((neighbor_path, similarity))
```

```
    neighbors = list(set(neighbors))
❺  neighbors.sort(key=lambda entry:entry[1], reverse=True)
    print ""
    print "Sample name".ljust(64), "Shared code estimate"
    for neighbor, similarity in neighbors:
        short_neighbor = neighbor.split("/")[-1]
        comments = db[neighbor]['comments']
        print str("[*] "+short_neighbor).ljust(64), similarity
        for comment in comments:
            print "\t[comment]",comment
```

正如预期的那样，comment_sample() 函数 ❶ 将用户定义的注释记录添加到样本的数据库记录中。这个功能很有用，因为它允许程序用户在数据库中添加对样本进行逆向工程后所获得的见解，这样当他们看到与自己有注释的样本相似的新样本时，他们可以利用这些注释更快速地理解新样本的来源和目的。

接下来，search_sample() 函数 ❷ 利用 minhash 查找与要查询的样本相似的样本。要做到这一点，首先我们要从查询样本中提取字符串特征、minhash 值和草图。然后，我们遍历样本的草图，查找存储在数据库中也具有该草图的样本 ❸。对于每一个与查询样本共享草图的样本，我们使用它的 minhash 计算其近似 Jaccard 系数 ❹。最后，我们向用户报告与查询样本中最相似的样本，以及存储在数据库中的与这些样本相关的所有注释信息 ❺。

代码清单 5-12 通过实现程序的参数解析部分来完成程序代码。

代码清单 5-12　基于用户命令行参数进行相似性数据库的更新和查询

```
if __name__ == '__main__':
    parser = argparse.ArgumentParser(
        description="""
简单的代码共享搜索系统，允许你建立恶意软件样本数据库（由文件路径索引），然后
在给出一些新样本时搜索与之相似的样本
"""
    )

    parser.add_argument(
        "-l", "--load", dest="load", default=None,
        help=" 存储在数据库中的恶意软件目录或文件的路径 "
    )

    parser.add_argument(
        "-s", "--search", dest="search", default=None,
        help=" 用于进行相似性搜索的单个恶意软件文件 "
    )
```

```
parser.add_argument(
    "-c", "--comment", dest="comment", default=None,
    help=" 对恶意软件样本路径的注释 "
)

parser.add_argument(
    "-w", "--wipe", action="store_true", default=False,
    help=" 擦除样本数据库 "
)

args = parser.parse_args()
❶ if args.load:
    malware_paths = []  # 我们将存储恶意软件文件路径的变量
    malware_features = dict()  # 我们将存储恶意软件字符串的变量
    for root, dirs, paths in os.walk(args.load):
        #遍历目标目录树并存储所有文件路径
        for path in paths:
            full_path = os.path.join(root,path)
            malware_paths.append(full_path)

        #过滤掉所有非 PE 文件的路径
        malware_paths = filter(pecheck, malware_paths)

        # 获取并存储所有恶意软件 PE 文件的字符串
        for path in malware_paths:
            store_sample(path)
❷ if args.search:
    search_sample(args.search)

❸ if args.comment:
    comment_sample(args.comment)

❹ if args.wipe:
    wipe_database()
```

在这里，我们允许用户将恶意软件样本加载到数据库中，当用户在数据库中搜索相似的样本时 ❶，这些样本将与新的恶意软件样本进行比较。接下来，我们允许用户搜索与用户传入样本相似的样本 ❷，并将结果打印到终端。我们还允许用户对数据库中已经存在的样本进行注释 ❸，最后，我们还允许用户擦除现有数据库 ❹。

5.7　运行相似性搜索系统

一旦你实现了这段代码，你就可以运行相似性搜索系统，它包括四个简单的操作：

加载　将样本加载到系统中，并将它们存储在系统数据库中，以备将来进行代码共享搜索。你可以加载单独的样本或者指定一个目录，系统将对 PE 文件进行递归搜索，并将它们加载到数据库中。你可以在本章代码目录下运行以下命令将样本加载到数据库中：

```
python listings_5_7_to_5_12.py -l <目录路径或者单独的恶意软件样本>
sample>
```

注释　对样本进行注释非常有用，因为它为你存储了关于该样本的知识。此外，当你看到与此样本相似的新样本时，对这些样本进行相似性搜索将显示你对旧的相似样本所做的注释，从而加快你的工作流程。你可以使用以下命令对恶意软件样本添加注释：

```
python listings_5_7_to_5_12.py -c <恶意软件样本的路径>
```

搜索　给定一个恶意软件样本，在数据库中搜索并识别所有相似的样本，并按相似性程度的降序将它们打印出来。此外，你对这些样本所做的任何评论也都会打印出来。你可以使用以下命令搜索与给定样本相似的恶意软件样本：

```
python listings_5_7_to_5_12.py -s <恶意软件样本的路径>
```

擦除　擦除数据库只需清除系统数据库中的所有记录，你可以使用以下命令执行此操作：

```
python listings_5_7_to_5_12.py -w
```

代码清单 5-13 显示了我们将 APT1 样本加载到系统时的情况。

代码清单 5-13　将数据加载到本章实现的相似性搜索系统的输出样本

```
mds@mds:~/malware_data_science/ch5/code$ python listings_5_7_to_5_12.py -l ../
data
Extracted 240 attributes from ../data/APT1_MALWARE_FAMILIES/WEBC2-YAHOO/WEBC2-
YAHOO_sample/WEBC2-YAHOO_sample_A8F259BB36E00D124963CFA9B86F502E ...
Extracted 272 attributes from ../data/APT1_MALWARE_FAMILIES/WEBC2-YAHOO/WEBC2-
YAHOO_sample/WEBC2-YAHOO_sample_0149B7BD7218AAB4E257D28469FDDB0D ...
Extracted 236 attributes from ../data/APT1_MALWARE_FAMILIES/WEBC2-YAHOO/WEBC2-
YAHOO_sample/WEBC2-YAHOO_sample_CC3A9A7B026BFE0E55FF219FD6AA7D94 ...
Extracted 272 attributes from ../data/APT1_MALWARE_FAMILIES/WEBC2-YAHOO/WEBC2-
YAHOO_sample/WEBC2-YAHOO_sample_1415EB8519D13328091CC5C76A624E3D ...
Extracted 236 attributes from ../data/APT1_MALWARE_FAMILIES/WEBC2-YAHOO/WEBC2-
YAHOO_sample/WEBC2-YAHOO_sample_7A670D13D4D014169C4080328B8FEB86 ...
Extracted 243 attributes from ../data/APT1_MALWARE_FAMILIES/WEBC2-YAHOO/WEBC2-
YAHOO_sample/WEBC2-YAHOO_sample_37DDD3D72EAD03C7518F5D47650C8572 ...
--snip--
```

代码清单 5-14 显示了进行相似性搜索时的情况。

代码清单 5-14　本章实现的相似性搜索系统的输出样本

```
mds@mds:~/malware_data_science/ch5/code$ python listings_5_7_to_5_12.py -s \
../data/APT1_MALWARE_FAMILIES/GREENCAT/GREENCAT_sample/GREENCAT_sample_AB20\
8F0B517BA9850F1551C9555B5313
Sample name                                                Shared code
estimate
[*] GREENCAT_sample_5AEAA53340A281074FCB539967438E3F        1.0
[*] GREENCAT_sample_1F92FF8711716CA795FBD81C477E45F5        1.0
[*] GREENCAT_sample_3E69945E5865CCC861F69B24BC1166B6        1.0
[*] GREENCAT_sample_AB208F0B517BA9850F1551C9555B5313        1.0
[*] GREENCAT_sample_3E6ED3EE47BCE9946E2541332CB34C69        0.99609375
[*] GREENCAT_sample_C044715C2626AB515F6C85A21C47C7DD        0.6796875
[*] GREENCAT_sample_871CC547FEB9DBEC0285321068E392B8        0.62109375
[*] GREENCAT_sample_57E79F7DF13C0CB01910D0C688FCD296        0.62109375
```

注意，我们的系统正确地确定查询样本（"greencat"样本）与其他 greencat 样本共享代码。如果这是在我们无法知道这些样本是 greencat 家族的成员的情况下得到的，那么我们的系统将为我们节省大量的逆向工程工作量。

这个相似性搜索系统只是将在相似性搜索系统产品中实现的一个小例子。但是，使用你目前学到的知识，来向系统添加可视化功能并将它进行扩展以支持多种相似性搜索方法，应该没有问题。

5.8　小结

在本章中，你学习了如何识别恶意软件样本之间的共享代码关系，计算数千个恶意软件样本之间的代码共享相似性并以此识别新的恶意软件家族，确定新恶意软件样本与以前看到的数千个恶意软件样本的代码相似性，以及可视化恶意软件关系以理解代码共享模式。

你现在应该可以放心地将共享代码分析技术添加到恶意软件分析工具箱中，这样你就可以获得对大量恶意软件的快速情报并加速恶意软件分析的工作流程。

在第 6 ~ 8 章中，你将学习构建用于检测恶意软件的机器学习系统。将这些检测技术与你已学习的内容相结合，可以帮助你捕获其他工具漏报的高级恶意软件，并分析其与其他已知恶意软件的关系，从而获得有关部署恶意软件的人员及其攻击目的的线索。

第 6 章

理解基于机器学习的
恶意软件检测方法

无论是作为主要的恶意软件检测工具，还是作为商业版恶意软件检测工具的补充，你都可以通过目前可用的开源机器学习工具，较为轻松地构建基于机器学习的定制化恶意软件检测工具。

但是，在有那么多商业版反病毒软件的情况下，为什么还需要去构建属于自己的基于机器学习的检测工具呢？当你可以访问特定网络威胁的样本时，例如某些攻击团伙针对你的网络所使用的恶意软件，构建自己的基于机器学习的检测技术可以让你捕获这些网络威胁的新样本。

相比之下，商业版反病毒引擎可能会漏掉这些威胁，除非引擎中已经含有这些威胁的检测特征。商业版工具对于使用者来说是"封闭"的——也就是说，我们无法清楚地知道它们的工作原理，同时我们去调整使用它们的能力也很有限。当我们构建自己的检测方法时，我们知道它们是如何运行的，并且可以根据我们的实际需求对它们进行调整，以减少误报或漏报。这对于某些安全业务应用来说非常有用，有的时候你可能愿意容忍更多的误报以换取更少的漏报（例如，当你在网络中搜索可疑文件时，你可以手动检查它们以确定它们是否是恶意的），在其他安全业务应用中，你可能愿意容忍更多的漏报以换取更少的误报（例如，如果一旦被检测确定是恶意的，你的应用程序就会被阻止执行，那就意味着误报会对用户造成严重的影响）。

在本章中，你能够在大体上学习如何开发自己的检测工具。我首先会解释机器学习背后的重要思想，包括特征空间、决策边界、训练数据、欠拟合和过度拟合。然后，我将重点放在四个基本方法上——逻辑回归、k 近邻、决策树和随机森林——以及如何应用这些方法来进行检测。

基于本章中学到的内容，你可以在第 7 章中继续学习如何评价机器学习系统的准确性，并在第 8 章中使用 Python 实现机器学习系统。让我们开始吧。

6.1　基于机器学习的检测引擎构建步骤

机器学习和其他类型的计算机算法之间存在根本区别。传统算法告诉计算机该做什么，而机器学习系统通过样本的学习来解决问题。例如，与简单地预设一组检测规则不同，基于机器学习的安全检测系统是通过输入安全文件及恶意文件的样本进行训练，从而具有确定一个文件是安全的还是恶意的能力。

之所以机器学习系统能运用于计算机安全应用，是因为其能够自动地完成特征创建的工作，并且比基于特征的恶意软件检测方法有潜力具备更高的准确率，特别是在先前未曾检测过的新型恶意软件检测中尤为明显。

基本上，构建任何基于机器学习的检测引擎（包括决策树）需要遵循的工作流，可归结为以下步骤：

（1）收集样本。收集恶意软件和正常软件的样本。我们将使用这些样本（称为训练样本）来训练机器学习系统以使其能够识别恶意软件。

（2）提取特征。从每个训练样本中提取特征，以数字矩阵的形式来表示样本。此步骤需要研究设计良好的特征模型，以帮助你的机器学习系统得出准确的检测结论。

（3）训练模型。使用我们从样本中提取的特征值来训练机器学习系统以使其能够识别恶意软件。

（4）模型测试。使用我们的训练样本之外的其他样本作为测试样本，用训练好的机器学习模型对测试样本进行检测，以了解检测系统的实际检测效果。

让我们在接下来的章节中更详细地讨论以上这些步骤中的内容。

6.1.1　收集训练样本

基于机器学习的检测器是否有效取决于提供给它们的训练数据。你的恶意软件检测器在识别可疑二进制文件方面的能力在很大程度上取决于你提供训练样本的数量和质量。因此在构建基于机器学习的检测器时，要准备好花费大量的时间来收集训练样本，因为你为检测器提供的训练样本越多，检测器就越准确。

同时，训练样本的质量也很重要。当你使用检测器来判定新文件是否恶意的时候，你收集来用于训练的恶意软件和正常软件样本就需要能反映出你期望检测器识别出的恶意软件和正常软件目标。

例如，如果你的目标是想要检测出来自特定攻击组织的恶意软件，那就必须尽可能多地收集由该攻击组织开发的恶意软件来训练检测器。如果你的目标是检测一个大类的恶意软件（例如勒索软件），那就需要尽可能多地收集该类恶意软件中有代表性的样本。

同样地，你收集来用于训练检测器的正常软件样本需要能反映出你期望检测器在部署使用后能够分析出来的正常软件目标。例如，如果你要检测大学网络内的恶意软件，你应该使用大量老师和学生在使用的正常软件来训练你的检测器，以避免发送误报的情况。这些正常软件样本包括计算机游戏、文档编辑器、大学信息化部门编写的定制软件以及其他类型的非恶意程序。

有这么一个真实的示例，在我目前的工作里，我们构建了一个检测恶意 Office 文档的检测器。在这个项目里，我们花了大约一半的时间来收集训练样本，这包括我们公司一千多名员工工作中产出的正常文件。通过使用这些样本来训练我们的检测器能够显著降低检测器的误报率。

6.1.2　提取特征

为了区分文件是好的还是坏的，我们通过向机器学习系统展示软件二进制文件的特征来达到训练的目的，这些文件的属性有助于系统区分好文件和坏文件。例如，以下是我们可能用于确定文件是好还是坏的一些特征：

- 是否有数字签名
- 存在格式错误的头部文件
- 包含加密数据
- 是否在超过 100 多个网络工作站出现过

为了获得这些特征，我们需要从文件样本中提取特征。例如，我们可能会编写代码来确定文件是否有数字签名、是否存在格式错误的头部文件、是否包含加密数据等等。通常，在数据安全科学中，我们在机器学习检测器中使用了大量的特征。例如，我们可以为 Win32 API 中的每个库调用创建一个特征，这样如果一个二进制文件具有调用相应 API 的行为，那么它就具有该特征。我们将在第 8 章重新讨论特征提取，我们将讨论更高级的特征提取概念，以及如何基于特征提取来使用 Python 语言实现机器学习系统。

6.1.3 设计好的特征

我们的目标应该是选择那些能够让结果最准确的特征。本节提供了一些要遵循的通用准则。

首先，在选择特征时，选择那些你推测最有可能帮助机器学习系统区分好文件和坏文件的特征。例如，"包含加密数据"这个特征可能是一个用来标识恶意软件的良好标记，因为我们知道恶意软件通常包含加密数据，同时我们推测正常软件包含加密数据的可能性更低。机器学习的美妙之处在于，如果这个假设是错误的，当正常软件与恶意软件一样经常包含加密数据时，系统将或多或少地忽略这个特征。如果我们的假设是正确的，系统将学会使用"包含加密数据"这个特征来检测恶意软件。

其次，请勿使用过多的特征，也就是不要出现特征数量相对于检测系统的训练样本数量过多的情况，这就是机器学习专家所说的"维度灾难"。例如，如果你有一千项特征而且只有一千个训练样本，你可能没有足够的训练样本来教你的机器学习系统从给定的二进制文件的内容学习每一项特征。统计数据告诉我们，最好为你的系统提供与可用训练样本数量相对应的一些特征，使系统对那些可以真正体现恶意软件的特征建立有根据的信条。

最后，确保你的特征代表了一系列关于恶意软件或正常软件构成的假设。例如，你可以选择构建与加密相关的特征，例如一个文件是否调用了与加密相关的 API 或者使用了公钥基础设施（PKI），但请确保还使用了与加密无关的特征来达到对冲押宝的效果。也就是说，如果你的系统无法基于某种类型的特征检测恶意软件，它仍可以使用其他特征检测恶意软件。

6.1.4 训练机器学习系统

在从用于训练的二进制文件中提取特征之后，就需要训练你的机器学习系统了。这个过程从算法上看起来完全取决于你正在使用的机器学习方法。例如，训练决策树方法（我们将在稍后专门讨论）与训练逻辑回归方法（我们也将专门讨论）就涉及不同的学习算法。

幸运的是，所有机器学习检测器都提供一致的基本接口。你向他们提供的都是包含样本二进制文件特征的训练数据，以及告诉算法哪些二进制文件是恶意软件以及哪些是正常软件的标签数据。然后，算法就会去学会判定输入的文件是新的还是旧的，以前未见过的二进制文件是恶意的还是良性的。我们将在本章后面详细介绍系统训练的内容。

> **注意** 在本书中，我们将重点放在一类称为"有监督的机器学习算法"的机器学习算法上。为了使用这些算法训练模型，我们告诉模型哪些样本是恶意的，哪些样本是正常的。另一类机器学习算法，称为"无监督算法"，不要求我们知道在我们的训练集中的哪些样本是恶意的或正常的。这些无监督的算法在检测恶意软件和恶意行为方面效果较差，我们不会在本书中介绍它们。

6.1.5　测试机器学习系统

一旦你已经训练好了一个机器学习系统，接下来就需要检查系统的精确程度。你可以在经过训练的系统中运行训练集外的数据来实现测试目的，这样就能看出系统是否能够有效地将二进制文件判定为恶意的还是正常的。在安全性方面，我们通常会根据我们收集到的截至某个时间点的二进制文件来训练我们的系统，然后用该时间点之后发现的二进制文件用于系统测试，从而来衡量我们的系统在检测新型恶意软件时的良好程度，并衡量我们的系统在避免对新出现的正常软件产生误报的良好程度。大多数机器学习研究都涉及数以千计的迭代：我们创建了一个机器学习系统，做系统测试，然后调整模型，再次训练，再次测试，直到我们对输出结果感到满意为止。我将在第 8 章详细介绍关于机器学习系统的测试内容。

现在让我们讨论各种机器学习算法的工作原理。这是本章的难点部分，但如果你花时间去理解它，也是最有意义的。在这个讨论中，我将介绍这些算法背后的统一思想，然后详细介绍每种算法。

6.2　理解特征空间和决策边界

两个简单的几何思想可以帮助你理解所有基于机器学习的检测算法：几何特征空间的思想和决策边界的思想。特征空间是你选定的特征所定义的几何空间。决策边界是贯穿特征空间的一种几何结构，使得此边界一侧的二进制文件被定义为恶意软件，而另一侧的二进制文件被定义为正常软件。当我们使用机器学习算法将文件分类为恶意的或正常的时，我们提取特征以便我们可以将样本放置在特征空间中，然后我们检查样本在决策边界的哪一侧以确定样本是恶意软件还是正常软件。

这种通过几何空间来理解特征空间和决策边界的方式对于在一维、二维或三维（特征）的特征空间上运行的系统是准确的，但它也适用于具有数百万维度的特征空间，即使百万维空间不可能可视化或构想出来。本章中均使用两维特征空间的示例以便易于可视化，但请记住现实世界中安全领域的机器学习系统几乎是使用数百维、数千维乃至数百万维的特征空间，不过我们在这里讨论的二维特征空间的基本概念也可用于真实场景中有两维以上特征空间的系统。

让我们创建一个简单的恶意软件检测问题，以阐明特征空间中决策边界的概念。假设我们有一个由恶意软件和正常软件样本组成的训练数据集。现在假设我们从每个二进制文件中提取以下两项特征：被压缩的文件百分比，以及每个二进制文件可疑函数的导入数量。我们可以将我们的训练数据集进行可视化，如图 6-1 所示（请记住，这里的数据是人为创建的，仅用于示例展示）。

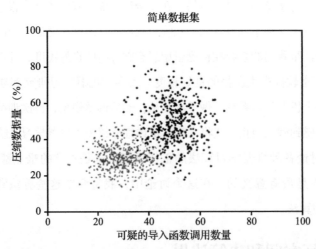

图 6-1　我们将在本章中使用的样本数据集的可视化图，其中灰点是正常软件，黑点是恶意软件

图 6-1 中显示的基于我们定义的两项特征形成的二维空间是我们的样本数据集的特征空间。你可以特征空间里看到一个清晰的模式，就是黑点（恶意软件）通常处在空间的右上部

分。一般来说，这些恶意软件比正常软件具有更多可疑的导入函数调用和更多的压缩数据，而正常软件主要位于图的左下部分。假设在可视化此图之后，你要仅基于我们在此处使用的两项特征来创建一个恶意软件检测系统，那么很明显，你可以根据以上数据制定如下规则：如果二进制文件同时包含大量压缩数据和大量可疑的导入函数调用，那么它就是恶意软件，如果它既没有大量可疑的导入函数调用同时压缩数据也不多，那么它就是正常软件。

　　在几何术语中，我们可以将这个规则可视化一条对角线，将恶意软件样本和正常软件样本在特征空间中区分开来，以便具有足够压缩数据和导入函数调用（定义为恶意软件）的二进制文件位于对角线之上，其余的二进制文件（定义为正常软件）位于对角线之下。如图 6-2 显示的这样一条线，我们就将其称为决策边界。

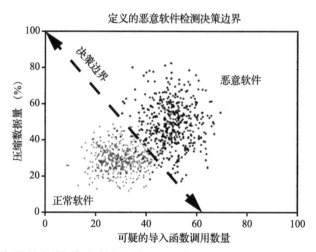

图 6-2　对我们的样本数据集绘制的决策边界，该边界定义了用于检测恶意软件的规则

　　从这条线可以看出，大多数黑点（恶意软件）位于边界的一侧，大多数灰点（正常软件）位于决策边界的另一侧。请注意，由于数据集中的黑色点阵和灰色点阵有部分彼此重叠，绘制一条将所有样本都区分开来的线是不可能的。但是从这个例子可以看出，当新样本遵循图中数据所呈现出的模式时，我们就已经绘制了一条在大多数情况下能够正确地对新出现的恶意软件样本和正常软件样本进行分类的决策边界。

　　在图 6-2 中，我们通过手动的方式在数据集中绘制出了一个决策边界。但是，如果我们想要一个更精确的决策边界并希望以自动化方式绘制，那该怎么办呢？这正是机器学习所解决的问题。换句话说，所有机器学习检测算法都会查看数据并使用自动化的过程来确定理想的决策边界，这样就很有可能达成对新的、以前未检测过的样本的正确检测。

让我们看看现实世界中常用的机器学习算法如何确定图 6-3 所示样本数据的决策边界。这个示例中所使用的算法称为逻辑回归。

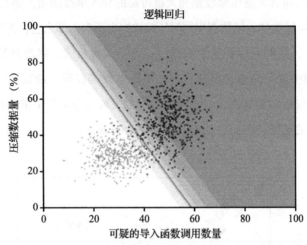

图 6-3   通过训练逻辑回归模型自动创建决策边界

请注意，我们使用的样本数据与之前图中使用的相同，其中灰点是正常软件，黑点是恶意软件。贯穿图中心的线是逻辑回归算法通过查看数据学习得出的决策边界。逻辑回归算法指定，在这条线右侧区域的二进制文件是恶意软件的概率大于 50%，在这条线左侧区域的二进制文件是恶意软件的概率小于 50%。

现在请注意图中的阴影区域。逻辑回归模型将落在深灰色阴影区域中的文件被高度确信为恶意软件。当逻辑回归模型输入的新文件位于这个区域时，这个新文件很有可能是恶意软件。随着我们越来越接近决策边界，模型对于二进制文件是恶意软件还是正常软件的判定信心越来越低。逻辑回归模型允许我们轻松地将决策线移动到更暗的区域或向下移动到更亮的区域，这取决于我们想要的恶意软件检测的严格程度。例如，如果我们将线向下移动，我们将捕获更多的恶意软件，但误报率会上升。如果我们向上移动，我们捕获的恶意软件会减少，但与此同时误报率也在降低。

我想强调逻辑回归算法和所有其他机器学习算法可以在任意高维的特征空间中操作。图 6-4 说明了逻辑回归在稍高维度的特征空间中的工作原理。

在这个高维空间中，决策边界不再是一条直线，而是分隔 3D 空间中点阵的平面。

如果我们要转到四维空间或更多维度空间，逻辑回归将创建一个超平面，它是在高维空间中区分恶意软件与正常软件点阵的 n 维平面。

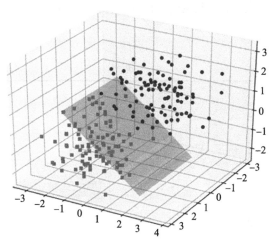

图 6-4　通过逻辑回归创建的假设的三维特征空间的平面决策边界

　　因为逻辑回归是一种相对简单的机器学习算法，它只能创建直线、平面和高维平面等简单的几何决策边界。其他机器学习算法可以创建更复杂的决策边界。例如，考虑图 6-5 中所示由 k 近邻算法创建的决策边界（我将在稍后详细讨论）。

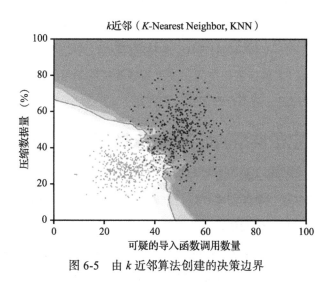

图 6-5　由 k 近邻算法创建的决策边界

　　如你所见，这个决策边界不是一个平面，而是一个非常不规则的结构。还要注意，一些机器学习算法可以生成不相交的决策边界，这些边界将特征空间的某些区域定义为恶意区域，将某些区域定义为正常区域，且这些区域不是连续的。图 6-6 显示了这种不规则结构的决策边界，它在样本特征空间中使用的样本数据集呈现出更复杂的恶意软件和正常软件模式。

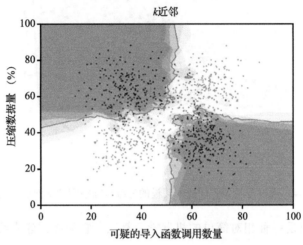

图 6-6　由 k 近邻算法创建的不相交的决策边界

即使这种决策边界是不连续的，仍然只称这些不相交的决策边界为常用的机器学习术语——"决策边界"。你可以使用不同的机器学习算法来生成不同类型的决策边界，这种生成的差异就是为什么我们为一个特定项目选择一种特定机器学习算法而不是其他算法的原因。

现在我们已经探讨了包括特征空间、决策边界等机器学习的核心概念，下面我们将讨论机器学习从业者称之为过拟合和欠拟合的问题。

6.3　是什么决定了模型的好和坏：过拟合与欠拟合

不能过分强调过拟合和欠拟合在机器学习中的重要性。避免这两种情况定义了什么是一个好的机器学习算法。机器学习中良好、准确的检测模型捕获了训练数据所反映出的区分恶意软件与正常软件的总体趋势，不会因符合规则的异常值或例外情况而出现偏离。

欠拟合（underfit）模型忽略了异常值但无法捕捉到总体趋势，导致其对新出现的、以前未曾检测的二进制文件的检测准确性差。过拟合（overfit）模型会因不能反映总体趋势的异常值而出现偏离，并且对未曾检测过的二进制文件的准确性较差。构建基于机器学习的恶意软件检测模型就是要捕获区分恶意软件和正常软件的总体趋势。

让我们使用图 6-7、图 6-8 和图 6-9 中的欠拟合、正拟合（well fit）和过拟合模型来举例说明这些术语。图 6-7 显示的是一个欠拟合模型。

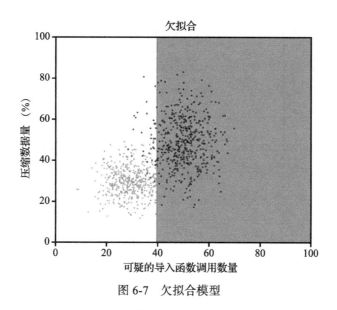

图 6-7　欠拟合模型

在这里，你可以看到图中右上方区域的黑点（恶意软件）簇，以及左下方区域的灰点（正常软件）簇。然而，我们的机器学习模型只是简单地在中间切分点，粗略地分离数据而不捕获对角线趋势。因为这个模型没有捕捉到总体趋势，所以我们说它是欠拟合的。

另外请注意，在所有区域中的点中，这个模型只给出了两种表示确定性的阴影：深灰色的阴影区域和白色区域。换句话说，这个模型要么绝对确定特征空间中的点是恶意的，要么绝对确定点是正常的。无法正确表达确定性也是这个模型欠拟合的原因。

让我们将图 6-7 中的欠拟合模型与图 6-8 中的正拟合模型进行对比。

在这种情况下，该模型不仅捕获了数据的总体趋势，而且还创建了估计特征空间的哪些区域肯定是恶意的、绝对是正常的和处于灰色区域的确定性的合理模型。

请注意从该图的顶部到底部的决策线。该模型有一个划分恶意软件和正常软件的简单理论：一条在图的中间带有对角线凹口的垂直线。还要注意图中的阴影区域，它告诉我们模型只能确定图右上方的数据是恶意软件，并且只能确定图左下角的二进制文件是正常软件。

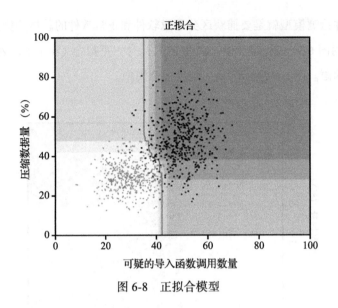

图 6-8　正拟合模型

最后，让我们将图 6-9 中显示的过拟合模型与你在图 6-7 中看到的欠拟合模型以及图 6-8 中的正拟合模型进行对比。

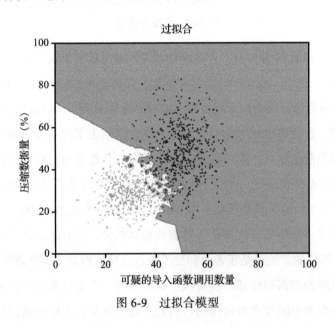

图 6-9　过拟合模型

图 6-9 中的过拟合模型未能捕捉到数据的总体趋势。相反，它会关注数据中的异常，包括在灰点簇（正常训练样本）中出现的少数黑点（恶意软件训练样本），并围绕它们绘

制决策边界。类似地，它关注恶意软件簇中出现的少数正常软件样本，也围绕这些样本绘制决策边界。

这意味着当我们遇到新的、以前未检测过的二进制文件具有使它们接近这些异常值的特征时，即使这些文件几乎确定是正常软件，机器学习模型也将认为它们是恶意软件，反之亦然。在实践中，这意味着这个模型不尽准确。

6.4 机器学习算法的主要类型

到目前为止，我已经笼统地讨论了机器学习，涉及两种机器学习方法：逻辑回归算法和 k 近邻算法。在本章接下来的部分，我们将深入研究并更详细地讨论逻辑回归、k 近邻、决策树和随机森林等算法。我们经常在安全数据科学社区中使用这些算法。这些算法很复杂，但算法背后的理念是直观和简单的。

首先，让我们看一下图 6-10 中所示，我们用来试验每种算法优缺点的样本数据集。

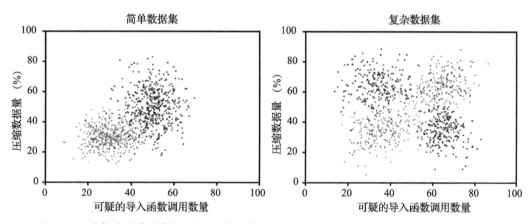

图 6-10　我们在本章中使用的两个样本数据集，黑点代表恶意软件，灰点代表正常软件

出于示例目的创建了这些数据集。左图显示是简单的数据集，已经在图 6-7、图 6-8 和图 6-9 中使用过。在这种情况下，我们可以使用简单的几何结构（如直线）将黑色训练样本（恶意软件）与灰色训练样本（正常软件）分开。

右边的数据集已在图 6-6 中显示过，这个数据集很复杂，因为我们无法使用简单的线将恶意软件与正常软件分开。但是这些数据仍然有一个明确的模式，我们只需要使用更复杂的方法来创建决策边界。让我们看看不同的算法在这两个样本数据集中运行的结果有什么差异。

6.4.1 逻辑回归

如前所述，逻辑回归是一种机器学习算法，可创建直线、平面或超平面（取决于你提供的特征数量），从而将训练集中的恶意软件与正常软件进行几何分离。当你使用经过训练的模型来检测新的恶意软件时，逻辑回归算法会检查先前未检测过的二进制文件是位于决策边界的恶意软件侧还是正常软件侧，来确定它是恶意的还是正常的。

逻辑回归的局限性在于如果你的数据不能使用直线或超平面简单地分离，那么逻辑回归就不是一个正确的解决方案。是否可以对你的问题使用逻辑回归算法取决于你的数据和特征设定。例如，如果你的问题具有多个相互独立的特征，而且这些特征本身就显示出强烈的恶意指标（或"正常"），那么逻辑回归可能是一种合适的方法。如果你的数据需要通过分析特征之间的复杂关系来确定一个文件是否是恶意软件，那么另外的方法（如 k 近邻、决策树或随机森林）可能更适用。

为了说明逻辑回归算法的优缺点，让我们看一下图 6-11 所示的逻辑回归算法对前述两个样本数据集的处理结果。我们看到逻辑回归算法在我们的简单数据集（左侧）中对恶意软件和正常软件进行了非常有效的分离。相比之下，逻辑回归算法在我们的复杂数据集（右侧）中的运行效果并不好。在这种情况下，逻辑回归算法会出现偏离，因为它只能生成线性决策边界。你在决策线的两侧都可以同时看到两种二进制文件类型，并且带阴影的灰色置信区域对数据分类并没有效果。对于这个更复杂的数据集，我们需要使用能够生成更多几何结构的算法。

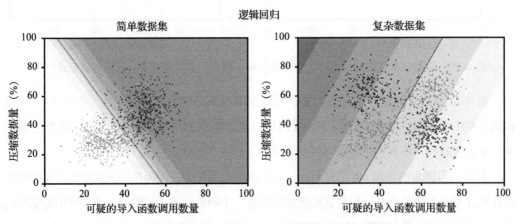

图 6-11　使用逻辑回归在我们的样本数据集中绘制的决策边界

1. 逻辑回归背后的数学原理

现在让我们看看使用逻辑回归算法来检测恶意软件样本背后的数学原理。代码清单 6-1 显示了使用逻辑回归算法计算二进制文件是恶意软件的概率的 Python 化伪代码。

代码清单 6-1　使用逻辑回归计算概率的伪代码

```
def logistic_regression(compressed_data, suspicious_calls, learned_parameters): ❶
compressed_data = compressed_data * learned_parameters["compressed_data_weight"] ❷
    suspicious_calls = suspicious_calls * learned_parameters["suspicious_calls_weight"]
score = compressed_data + suspicious_calls + bias ❸
    return logistic_function(score)

def logistic_function(score): ❹
    return 1/(1.0+math.e**(-score))
```

让我们一步一步解读上面的代码，理解这些代码都意味着什么。我们首先定义 logistic_regression 函数 ❶ 及其参数。它的参数是二进制文件的特征 compressed_data 和 suspicious_calls，它们分别对应二进制文件中压缩数据的数量和可疑的函数调用的数量，另外参数 learned_parameters 代表逻辑回归函数的元素，这些元素是利用训练数据对逻辑回归模型训练得到的。我将在本章后面讨论这些元素是如何得来的，现在你只需知道它们来自于训练数据。

然后，我们将 compressed_data 特征 ❷ 乘以 compressed_data_weight 参数。特征的权重是增加还是减少，具体取决于逻辑回归函数认为这个特征对于恶意软件的标识程度。请注意，权重也可以是负数，这表示逻辑回归模型认为这个特征是反映正常软件的标识。

在下面一行的代码中，我们对 suspicious_calls 参数执行相同的操作。然后，我们将这两个特征的加权值加在一起 ❸，再加上一个称为 bias（偏差）的参数（也是从训练数据中学习得到的）。总而言之，我们采用 compressed_data 特征，根据我们认为其对恶意文件的标识程度进行缩放，再添加 suspicious_calls 特征，同样根据我们认为其对恶意文件的标识程度进行缩放，然后再添加 bias 参数（用来表示逻辑回归模型得出的文件可疑程度）。通过这些加法和乘法，我们可以得到一个结果作为 sore（分数），用来表示一个给定文件是恶意文件的可能性。

最后，我们使用 logistic_function ❹ 将我们计算得到的可疑性分数转换为概率。图 6-12 形象地展示了这个函数的工作原理。

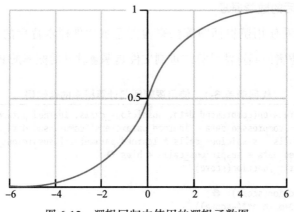

图 6-12　逻辑回归中使用的逻辑函数图

在这里，逻辑函数将分数（在 x 轴上显示）转换为 0 到 1 之间的数值（概率）。

2. 数学原理是如何起作用的

让我们回到你在图 6-11 中看到的决策边界，看看数学原理在实践中是如何起作用的。回忆一下我们是如何计算概率的：

```
logistic_function(feature1_weight * feature1 + feature2_weight*feature2 + bias)
```

例如，如果我们使用相同的特征权重和 bias 偏差参数去绘制在图 6-11 所示特征空间中每一个点的结果概率值，我们将取消图中的阴影区域（显示了模型"认为"恶意样本和正常样本所在的区域，以及相应的置信概率）。

如果我们将阈值设置为 0.5（回忆当概率大于 50% 时，文件将被定义为是恶意的），图 6-11 中的线将作为我们的决策边界。我鼓励你利用我的示例代码进行试验，插入一些特征权重和偏差值，亲自尝试模型效果。

 逻辑回归并不限制我们能仅使用两个特征。实际上，我们通常使用逻辑回归的分数或数百甚至数千个特征。但数学原理并没有改变，我们只是为任意数量的特征计算概率：

```
logistic_function(feature1 * feature1_weight + feature2 * feature2_weight +
feature3 * feature3_weight ... + bias)
```

那么逻辑回归究竟如何根据训练数据进行学习，进而将决策边界放在正确的位置呢？它使用梯度下降方法——一种基于微积分的迭代方法。我们不会在本书中详细介绍这种方法，但其基本思想是迭代调整决策直线、平面或超平面（取决于你正在使用的特征数量），以便当被问及训练集中的数据点是恶意软件样本还是正常软件样本时，能够最大化逻辑回归模型得到正确答案的概率。

你可以训练逻辑回归模型，使逻辑回归学习算法偏向于提出关于恶意软件和正常软件构成的更简单或更复杂的理论。这些训练方法超出了本书的范围，但如果你有兴趣了解这些有用的方法，我建议你通过 Google 搜索"逻辑回归和正则化"（logistic regression and regularization），在线阅读它们的解释。

3. 何时使用逻辑回归

与其他机器学习算法相比，逻辑回归具有明显的优点和缺点。逻辑回归算法的一个优点是，我们可以很容易地解释逻辑回归模型认为的构成正常软件和恶意软件的内容。例如，我们可以通过查看其特征权重来理解给定的逻辑回归模型。权重值高的特征是模型认为标识恶意软件的特征。权重值为负的特征是模型认为标识正常软件的特征。逻辑回归是一种相当简单的方法，当你使用的数据包含了明确的恶意指标时，它能够有比较好的效果。但是当数据变得更复杂时，逻辑回归通常会失败。

现在让我们探索另一种可以生成更复杂决策边界的简单的机器学习方法：*k* 近邻算法。

6.4.2　*k* 近邻算法

k 近邻算法是一种机器学习算法，基于如下思想：如果特征空间中的二进制文件接近其他恶意二进制文件，则它是恶意的，如果其特征使其接近于正常的二进制文件，则它一定是正常的。更确切地说，如果一个未知二进制文件的 *k* 个最接近的二进制文件中大多数是恶意的，则这个文件是恶意的。请注意，*k* 代表我们自己选择和定义的邻近邻居的数量，具体取决于我们确定一个样本是正常还是恶意所需的邻居数量。

在现实世界中，这具有直观意义。例如，如果你有篮球运动员和乒乓球运动员的体重和身高的数据集，那么篮球运动员之间的体重和身高可能会比乒乓球运动员的体重和身高更彼此接近。类似地，在安全设置中，恶意软件通常具有与其他恶意软件类似的功能，而正常软件通常具有与其他正常软件类似的功能。

我们可以将这个想法转化为 k 近邻算法，使用以下步骤来计算一个二进制文件是恶意的还是正常的：

（1）提取二进制文件的特征，并在特征空间中找到与其最接近的 k 个样本。

（2）将接近这个文件的恶意软件样本数量除以 k，以获得最近邻居中恶意软件的百分比。

（3）如果有足够的样本是恶意的，那么将样本定义为恶意的。

图 6-13 显示了从高阶层面看 k 近邻算法是如何工作的。

我们在左上角看到了一组恶意软件训练样本，在右下角看到了一组正常软件样本。我们还看到一个新的未知二进制文件连接到它的三个最近邻居。在这种情况下，我们将 k 设置为 3，这意味着我们正在查看未知二进制文件的三个最近邻居。因为所有三个最近邻居都是恶意的，我们将这个新的二进制文件分类为恶意的。

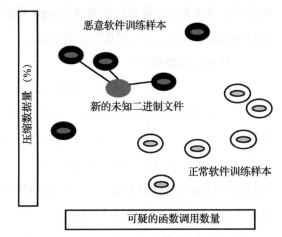

图 6-13　用 k 近邻算法检测未知恶意软件的方法示意图

1. k 近邻背后的数学原理

现在让我们讨论一下其数学原理，以计算新的未知二进制文件的特征与训练集中的样本之间的距离。我们使用距离函数来完成距离计算，它将告诉我们新样本与训练集中的样本之间的距离。最常见的距离函数是欧几里得距离，它是特征空间中两点之间最短路径的长度。代码清单 6-2 显示了我们在二维特征空间中计算样本间欧几里得距离的伪代码。

代码清单 6-2　用于编写欧几里得函数的伪代码

```
import math
def euclidean_distance(compression1,suspicious_calls1, compression2, suspicious_calls2): ❶
    comp_distance = (compression1-compression2)**2 ❷
    call_distance = (suspicious_calls1-suspicious_calls2)**2 ❸
    return math.sqrt(comp_distance + call_distance) ❹
```

让我们来看看这段代码中的数学运算方式。代码清单 6-2 拿一对样本举例，根据其的特征之间的差来计算它们之间的距离。首先，调用者传递二进制文件的特征 ❶，其中

compression1 是第一个样本的压缩特征，suspicious_calls1 是第一个样本的 suspicious_calls（可疑调用）特征，compression2 是第二个样本的压缩特征，suspicious_calls2 是第二个样本的可疑调用特征。

然后我们计算两个样本压缩特征之间的平方差❷，并计算两个样本可疑调用特征之间的平方差❸。我们不会介绍我们使用平方距离的原因，但请注意，这两个平方差总是正的。最后，我们计算两个平方差之和的平方根，即两个特征向量之间的欧几里得距离，并将其返回给调用者❹。虽然还有其他方法来计算样本之间的距离，但欧几里得距离是 k 近邻算法中最常用的，并且它也适用于安全领域数据科学的问题。

2.选择投票的邻居数量

现在看一下 k 近邻算法为我们在本章中使用的样本数据集生成的决策边界和概率的种类。在图 6-14 中，将 k 设置为 5，从而允许五个最近的邻居"投票"。

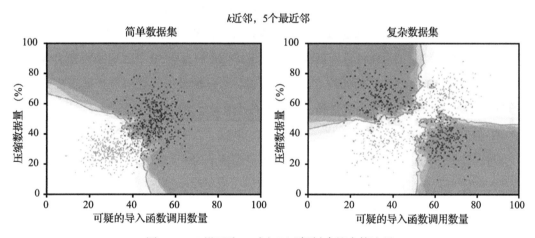

图 6-14　k 设置为 5 时由 k 近邻创建的决策边界

在图 6-15 中，将 k 设置为 50，允许 50 个最近邻居"投票"。

请注意模型之间的巨大差异取决于投票的邻居数量。图 6-14 中的模型显示了两个数据集的一个粗糙、复杂决策边界，它是过拟合的，因为它在异常值周围绘制了局部决策边界，但它也是欠拟合的，因为它无法捕获简单的总体趋势。相比之下，图 6-15 中的模型对这两个数据集来说是正拟合的，因为它不会受到异常值的影响，并且可以清晰地识别总体趋势。

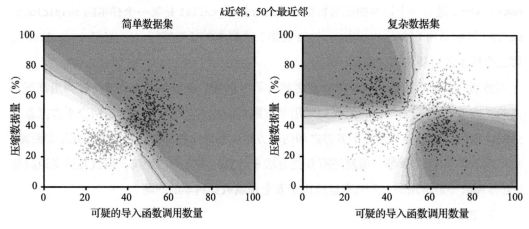

图 6-15 k 设置为 50 时由 k 近邻创建的决策边界

如你所见，k 近邻算法可以生成比逻辑回归更复杂的决策边界。我们可以通过改变 k 的值来控制这个边界的复杂性，以防止出现过拟合和欠拟合的情况，k 的值即为对样本是恶意还是正常的进行投票的邻居数量。尽管图 6-11 中逻辑回归模型的效果不佳，但 k 近邻在区分恶意软件与正常软件方面做得很好，尤其当我们设置 50 个邻居来投票时效果明显。由于 k 近邻不受线性结构的约束，只是查看每个点的最近邻居节点来做出决策，因此可以创建具有任意形状的决策边界，从而更有效地对复杂数据集进行建模。

3. 何时使用 k 近邻

当你数据中的特征完全没有映射到可疑风险的迹象时，k 近邻是一个比较好的算法，接近恶意样本是恶意的一个强有力的标识。例如，如果你尝试将存在代码共享的恶意软件进行家族分类的话，那么 k 近邻算法可能就是一种很好的算法，因为如果恶意软件样本的特征与一些给定病毒家族的已知成员类似，那你就会想要将这个恶意软件样本划分进这个病毒家族中。

使用 k 近邻的另一个原因是它清楚地解释了为什么它做出了一个给定的分类决定。换句话说，很容易识别和比较样本与未知样本之间的相似性，以找出算法将其归类为恶意软件或正常软件的原因。

6.4.3 决策树

决策树是另一种用于解决检测问题的常用机器学习方法。决策树通过训练过程自动生成一系列问题，以确定给定的二进制文件是否是恶意软件，类似于游戏"二十个问题"（Twenty Questions）。图 6-16 显示了一个决策树，它是对在本章中使用的简单数据集进行训练自动生成的。让我们梳理一下决策树中的逻辑流程。

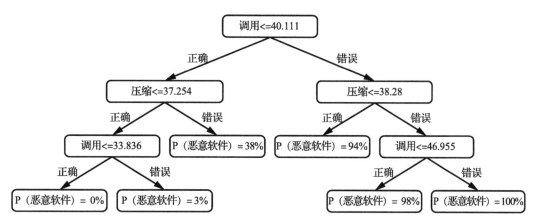

图 6-16　为简单数据集示例学习的决策树

当我们从一个新的、未检测过的二进制文件中提取特征并输入到决策树中时，决策树的流程就开始了。然后树定义了一系列问题来检查这个二进制文件的特征。树顶部的方框我们称之为节点，它问了第一个问题：树中可疑调用的数量是否小于或等于 40.111？请注意，决策树在此使用浮点数，这是因为我们已将每个二进制文件中的可疑调用数量标准化到 0 到 100 之间。如果答案为"是"，我们会问另一个问题：文件中压缩数据的百分比是否小于或等于 37.254？如果答案为"是"，我们继续问下一个问题：二进制文件中可疑调用的数量是否小于或等于 33.836？如果答案为"是"，我们到达决策树的末尾。此时，二进制文件是恶意软件的概率是 0%。

图 6-17 显示了此决策树的几何解释。

这里，阴影区域表示决策树认为这个区域内的样本是恶意的。较亮的区域表示决策树认为这个区域内的样本是正常的。图 6-16 中一系列问题和答案分配的概率应对应于样本落入图 6-17 中阴影区域的概率。

1. 选择一个好的根节点

那么我们如何使用机器学习算法从训练数据中生成这样的决策树呢？基本思想是决策树从一个称为根节点的初始问题开始。最佳根节点一般是，对于一种类型的大多数

（不是所有）样本，我们得到"是"的答案，对于大多数（不是所有）另一种类型的样本，我们得到"否"的答案。例如，在图 6-16 中，根节点问题检查未检测过的二进制文件是否具有 40.111 或更少的调用。（注意，这里每个二进制的调用次数都标准化到 0 到 100 之间，从而使得浮点值有效。）从图 6-17 中的垂直线可以看出，大多数正常软件样本数据都小于这个数字，同时大多数恶意软件数据的可疑调用数量超过这个数量，所以这是一个很好的初始问题。

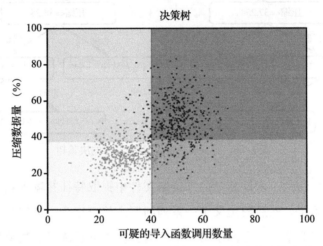

图 6-17　决策树为我们的简单数据集示例创建的决策边界

2. 挑选后续问题

选择根节点后使用类似于我们用于选择根节点的方法选择下一个问题。例如，根节点允许我们将样本分成两组：一组可疑调用小于或等于 40.111 个（负特征空间），另一组可疑调用超过 40.111 个（正特征空间）。为了选择下一个问题，我们只需要一些问题，这些问题进一步将特征空间每个区域的样本区分为恶意软件和正常软件。

我们可以通过图 6-16 和图 6-17 中的决策树结构来看到这一点。例如，图 6-16 显示在我们询问关于二进制文件所产生的可疑调用数量的初始"根"问题后，我们会询问二进制文件有关压缩数据数量的问题。图 6-17 显示了为什么我们基于数据执行此操作：在我们提出关于可疑函数调用的第一个问题之后，我们有一个粗略的决策边界，它将大多数恶意软件与大多数正常软件区分开来。如何通过询问后续问题来进一步完善决策边界？直观上可以清楚地看出，下一个能优化我们决策边界的最佳问题将是二进制文件中压缩数据的数量。

3. 何时停止提出问题

在我们的决策树创建过程中的某个时刻，我们需要决定何时决策树应该停止提问并根据我们对答案的确定性来确定二进制文件是正常还是恶意的。一种方法是简单地限制决策树可以提出的问题数量，或者限制其深度（我们可以对二进制文件询问问题的最大数量）。另一种方法是允许决策树继续增长，直到我们可以基于树结构完全确定训练集中每个样本是恶意软件还是正常软件。

约束树的大小的优点是，如果树越简单，我们有越大的机会得到正确的答案（想想奥卡姆的剃刀——理论越简单越好）。换句话说，如果我们保持小的决策树，那么决策树过拟合训练数据的可能性就会降低。

相反，在我们欠拟合训练数据的情况下，允许树增长到最大尺寸可能非常有用。例如，允许树进一步增长将增加决策边界的复杂性，这是出现欠拟合时，我们要做的事情。通常，机器学习从业者通常会尝试多个深度，或者允许在未检测过的二进制文件上获得最大深度，并重复此过程直到获得最准确的结果。

4. 使用伪代码探索决策树生成算法

现在让我们来研究一种自动决策树生成算法。你了解到该算法背后的基本思想是通过找到最能提高我们对于训练样例是恶意还是正常的确定性的问题作为决策树中的根节点，然后找到将进一步提高我们确定性的后续问题。一旦确定训练样本的确定性超过了我们提前设定的阈值，算法就应该停止提问并做出决定。

以编程方式，我们可以递归地执行上面的操作。代码清单 6-3 中使用类似 Python 的伪代码显示了以简化形式构建决策树的完整过程。

代码清单 6-3　用于构建决策树算法的伪代码

```
tree = Tree()
def add_question(training_examples):
❶ question = pick_best_question(training_examples)
❷ uncertainty_yes,yes_samples=ask_question(question,training_examples,"yes")
❸ uncertainty_no,no_samples=ask_question(question,training_examples,"no")
❹ if not uncertainty_yes < MIN_UNCERTAINTY:
      add_question(yes_samples)
❺ if not uncertainty_no < MIN_UNCERTAINTY:
      add_question(no_samples)
❻ add_question(training_examples)
```

伪代码递归地向决策树添加问题，从根节点开始向下运行，直到算法确信决策树能够对一个新文件是正常的还是恶意的给出高度确定性的答案。

当我们开始构建树时，我们使用 pick_best_question() 来选择我们的根节点 ❶（现在不用关心这个函数是如何工作的）。然后，我们看看现在对于这个对初始问题的回答为"是"的训练样本有多少不确定性 ❷。这将有助于我们决定是否需要继续询问与这些样本有关的问题，抑或是我们可以停止询问，并预测样本是恶意的还是正常的。对于初始问题回答为"否"的样本，我们也同样这么做 ❸。

接下来，我们检查回答为"是"（uncertainty_yes）的样本的不确定性是否足够低，以确定它们是恶意的还是正常的 ❹。如果我们现在可以确定它们是恶意的还是正常的，我们不会继续提出任何问题。但是如果我们不能，我们再次调用 add_question() 函数，使用 yes_samples 或者回答为"是"的样本数量作为输入。这是递归的典型示例，即它是一个自我调用的函数。我们通过递归的方式利用训练样本的子集来重复我们为根节点执行的相同过程。下一个 if 语句对回答为"否"的样本做了同样的事情 ❺。最后，我们在训练样本上调用决策树构建函数 ❻。

关于 pick_best_question() 函数如何在数学上精确地执行超出了本书范围，但这个思想很简单。为了在决策树构建过程中的任何一点选择最好的问题，我们会查看我们仍然不确定的训练样本，列举我们可以询问的所有问题，然后选择一个最能减少关于这些样本是恶意软件还是正常软件的不确定性的问题。我们使用称为信息增益的统计度量来测量这种不确定性的减少。这种选择最佳问题的简单方法具有令人惊讶的效果。

> **注意** 这是现实世界中生成决策树的机器学习算法如何工作的简化示例。我已经省去了为计算一个给定问题增加了多少我们关于文件是否为恶意软件的确定性所需的数学运算过程。

现在让我们看一下在本章所使用的两个样本数据集上应用决策树的结果。图 6-18 显示了通过决策树检测器学习得到的决策边界。

在这种情况下，我们并没有设置树的最大深度，而是允许它们增长到对训练数据没有误报或漏报的点，这样每个训练样本都被正确分类。

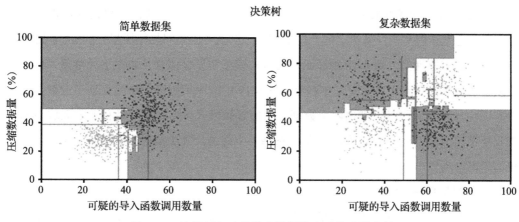

图 6-18　决策树方法为样本数据集生成的决策边界

请注意，决策树只能在特征空间中绘制水平和垂直线，即使在很清楚也很明显会是曲线或对角线更合适的时候。这是因为决策树只允许我们在单个特征（例如，大于或等于、小于或等于）上表达简单条件，这些简单条件会导致水平或垂直线。

你还可以看到，虽然这些示例中的决策树成功地将正常软件与恶意软件分离，但决策边界看起来非常不规则并且具有奇怪的形状。例如，恶意软件区域以奇怪的方式延伸到正常软件区域，反之亦然。从积极的方面来说，决策树在创建复杂数据集的决策边界时要远好于逻辑回归。

现在让我们将图 6-18 中的决策树与图 6-19 中的决策树模型进行比较。

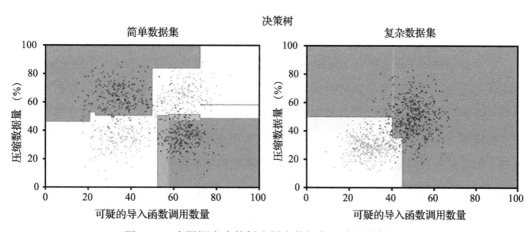

图 6-19　有限深度决策树为样本数据集生成的决策边界

图 6-19 中的决策树使用了与图 6-18 相同的决策树生成算法，但将树深度限制为五个节点。这意味着对于任何给定的二进制文件，最多可以询问与特征相关的五个问题。

结果是戏剧性的。图 6-18 中显示的决策树模型明显过拟合，侧重于异常值并绘制过于复杂的边界而导致无法捕捉总体趋势，图 6-19 中的决策树则更加优美地拟合数据，在没有关注异常值的同时识别出两个数据集中的总体模式（简单数据集右上方区域中的小面积决策区域是一个例外）。如你所见，选择一个好的最大决策树深度会对基于决策树的机器学习检测器产生很大影响。

5. 何时使用决策树

由于决策树具有可表达性和简单性，因此可以基于简单的"是或否"问题来学习简单和高度不规则的边界。我们还可以设置最大深度来控制关于恶意软件与正常软件构成的理论简单和复杂的程度。

不幸的是，决策树的缺点是它们通常不会产生非常准确的模型。造成这种情况的原因很复杂，但这与决策树呈现出锯齿状决策边界的事实有关，这使得决策树并不能通过训练数据来很好地归纳出那些未曾检测过的样本。

类似地，决策树通常不会学习决策边界所围绕区域对应的准确概率。我们可以通过观察图 6-19 中决策边界周围的阴影区域来看到这一点。衰退不是自然的或渐进的，并且没有发生在恶意软件和正常软件样本重叠的区域。

接下来，我会讨论随机森林方法，它结合了多个决策树以产生更好的结果。

6.4.4 随机森林

尽管安全社区在很大程度上依赖决策树来检测恶意软件，但几乎从不单独使用它们。而是使用由数百或数千个决策树组成的被称为随机森林的方法来进行检测。我们不是训练一个决策树，而是训练许多决策树，数量通常是一百个或者更多，但我们会以不同的方式来训练每个决策树，以便通过不同的视角来处理数据。最后，为了确定一个新的二进制文件是恶意的还是正常的，我们允许使用决策树进行投票。一个二进制文件是恶意软件的概率是正投票决策树的数量除以所有决策树的总数。

当然，如果所有决策树都是相同的，它们都会以相同的方式投票，而随机森林将简单地复制每个决策树的结果。为了解决这个问题，我们希望不同的决策树对恶意软件和正常软件的构成有不同的看法。在接下来的讨论中，我们将通过两种方法在我们的决策树集合中引入多样性。通过引入多样性，我们在模型中动态生成"群体的智慧"（wisdom of crowds），从而生成了更准确的模型。

我们使用以下步骤生成一个随机森林算法：

（1）训练计划生成的决策树中的每棵树（通常数量是 100 或更多）。

- 从我们的训练集中随机抽取一些训练样本。

- 通过随机样本构建决策树。

- 对于我们构建的每棵树，每当我们考虑"提出问题"时，请仅询问少数几个特征，并忽略其他特征。

（2）检测未曾检测过的二进制文件

- 运行每个树对二进制文件运行检测。

- 根据投票"是"的决策树数量确定二进制文件是否为恶意软件。

为了更详细地解释这一点，我们可以对随机森林算法在两个样本数据集上生成的结果进行检验，结果如图 6-20 所示，其中生成这些结果所使用的决策树数量是 100。

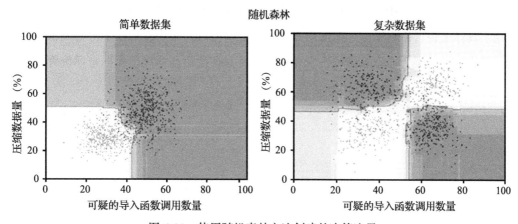

图 6-20　使用随机森林方法创建的决策边界

与图 6-18 和图 6-19 中显示的单个决策树结果相比，随机森林较单个决策树可以对简单和复杂数据集呈现出更平滑和更直观的决策边界。实际上，随机森林模型非常干净地拟合训练数据集，没有出现锯齿状边缘；这个模型似乎已经从两个数据集中学会了关于"恶意与正常"的构成理论。

此外，阴影区域非常直观。例如，你从正常或恶意的样本中得到得越多，随机森林对于样本是恶意还是正常的不确定性越少。这预示着随机森林在以前未检测过的二进制文件上的性能很好。实际上，正如你将在下一章中看到的那样，随机森林是本章讨论的所有方法中对未检测过的二进制文件检测性能最佳的模型。

为了理解为什么随机森林与单个决策树相比能够绘制如此清晰的决策边界，让我们考虑 100 个决策树是怎么做的。每棵树只能看到大约三分之二的训练数据，且只有当决定要问什么问题时仅去考虑随机选择的特征。这意味着在背后，我们取 100 个不同决策边界的平均来得到一个样本（和阴影区域）的终极决策边界。这种"群体的智慧"动态创造了一种群体意见，较单个决策树可以通过更复杂的方式来识别数据趋势。

6.5 小结

在本章中，你可以看到对基于机器学习的恶意软件检测以及机器学习的四种主要方法的概述：逻辑回归、k 近邻、决策树和随机森林。基于机器学习的检测系统可以进行自动编写检测特征的工作，并且它们在实践中的表现通常比自定义编写检测特征更好。

在接下来的章节中，我将向你展示这些方法如何在实际的恶意软件检测问题上发挥作用。具体来说，你将学会如何使用开源的机器学习软件来构建机器学习检测器，从而准确地将文件分类为恶意软件或正常软件，以及如何使用基本统计数据来评价你的检测器在以前未检测过的二进制文件上的性能。

第7章

评价恶意软件检测系统

在上一章，你已经学习了如何使用机器学习来帮助你构建恶意软件检测器。在本章，你将学习对恶意软件检测系统性能进行评价所需要的基本概念。你在这里学到的思想，对于改进你构建的恶意软件检测系统将起到非常重要的作用，因为如果你不知道如何来评价系统性能的话，那么你将不知道如何来改进系统。值得注意的是，本章主要介绍评价的基本概念，第8章将继续这条主线，介绍交叉验证等更深入的评价概念。

首先，我将介绍检测准确性评价背后的基本思想，然后介绍当你在评价系统性能时与系统部署环境相关的一些更深层的考虑。为了完成这些工作，我将带着你对一个虚构的恶意软件检测系统进行性能评价。

7.1 四种可能的检测结果

假设你运行恶意软件检测系统对一个二进制软件文件进行检测，并获得检测系统对于这个二进制文件是恶意的还是正常的判定结果。如图 7-1 所示，检测结果可能出现四种情况：

这些结果可以定义为：

真正（true positive）：二进制文件本身

	恶意软件	不是恶意软件
检测器会报警	真正（TP）	假正（FP）
检测器不报警	假负（FN）	真负（TN）

图 7-1 四种可能的检测结果

是恶意软件，并且系统判定它是恶意软件。

假负（false negative）：二进制文件本身是恶意软件，但是系统判定它不是恶意软件。

假正（false positive）：二进制文件本身不是恶意软件，但是系统判定它是恶意软件。

真负（true negative）：二进制文件本身不是恶意软件，并且系统判断它不是恶意软件。

如你所见，你的恶意软件检测系统可以在两种情况下产生不准确的结果：假负和假正。在实践中，真正和真负的结果是我们期望的，但往往很难达到。

你将在本章通篇中看到这些术语。事实上，大部分的检测评价理论都是在这些简单概念的基础上建立的。

7.1.1 检出率和误报率

现在假设你要使用一组由正常样本和恶意软件样本构成的数据集来测试检测系统的准确性。你可以运行检测器对每个二进制文件进行检测，并记录下检测器对整个测试集中样本的四种可能的检测结果。这时，你需要汇总统计信息以便全面了解系统的准确性（即系统有多大可能性产生假正或者假负结果）。

一个汇总统计数据是检测系统的检出率（true positive rate），即测试集中检测结果为真正的数量除以测试集中恶意软件样本的总数。由于它可以计算得到系统能够检测出的恶意软件样本的百分比，因此可以用它来衡量系统在"遇见"恶意软件样本时识别出恶意软件的能力。

然而，仅仅知道检测系统在检出恶意软件样本时会触发报警是不足以评价其准确性的。例如，如果你只使用检出率作为准确性的评价标准，那么对所有文件都说"是的，这是恶意软件"的简单功能就将产生完美的检出率。而检测系统的真正目的是，当它看到恶意软件时说"是的，这是恶意软件"，但是当它看到正常软件时，它会说"不，这不是恶意软件"。

为了衡量一个检测系统识别某个文件不是恶意软件的能力，还需要评价系统的误报率（false positive rate），即当系统看到正常软件时发出恶意软件警报的比率。你可以用被检测系统误判为恶意软件的正常样本数量除以测试集中正常样本的总数来计算系统的误报率。

7.1.2　检出率和误报率之间的关系

在设计检测系统时，你希望将误报率保持在尽可能低的水平，同时将检出率保持在尽可能高的水平。除非你建立了一个真正完美的恶意软件检测系统，它总是正确的（考虑到恶意软件不断演变的特点，这事实上是不可能的），否则在追求高的检出率和追求低的误报率之间总是会存在矛盾。

要理解为什么会出现这种情况，请假设一个检测系统，在确定一个二进制文件是否是恶意软件之前，将所有证明该二进制文件是恶意软件的证据相加，从而生成一个可疑得分。我们把这种假设的可疑得分生成系统叫作 MalDetect。图 7-2 显示了 MalDetect 针对 12 个二进制文件样本可能输出的可疑得分，其中一个圆圈代表一个二进制文件。二进制文件越靠右，MalDetect 给出的可疑得分就越高。

图 7-2　假设的 MalDetect 系统对每个二进制文件输出的可疑得分

可疑得分是有用的，但为了计算 MalDetect 系统对所有文件的检出率和误报率，我们需要将 MalDetect 系统的可疑得分都转换为"是"或"否"，来对应给定的二进制文件是否是恶意的。为此，我们将使用基于阈值的规则。例如，如果可疑得分大于或等于某个数值，我们对相应的二进制文件触发恶意软件报警。如果可疑得分低于阈值，就不触发报警。

阈值规则是将可疑得分转化成二元检测决策的标准做法，但是我们如何设置阈值呢？这个问题没有正确答案。图 7-3 显示了这个难题：我们设置的阈值越高，我们获得假正（误报）的可能性越小，但是我们获得的假负（漏报）的可能性越大。

例如，让我们考虑图 7-3 中最左边的阈值，其中阈值左边的二进制文件被分类为正常软件，而右边的二进制文件被分类为恶意软件。因为这个阈值很低，所以我们得到了一个很好的检出率（对恶意软件样本进行了 100% 的正确分类），但是在误报率方面却很糟糕（将 33% 的正常样本错误地分类为恶意样本）。

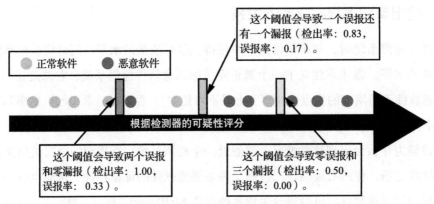

图 7-3　选择不同的阈值时误报率和检出率之间的变化关系图

我们的直觉可能是提高阈值，这样只有可疑得分较高的样本才会被认为是恶意软件。这种解决方案由图 7-3 中的中间阈值给出。这时，误报率下降到 0.17，但不幸的是，检出率也随之下降到了 0.83。如果我们将阈值继续向右移动，如最右边的阈值所示，我们将消除所有误报率，但只能检测出 50% 的恶意软件。

正如你所看到的，没有完美的阈值。一个产生低误报率（好）的检测阈值将会漏报更多的恶意软件，导致低检出率（坏）。相反，使用具有高检出率（好）的检测阈值将会增加误报率（坏）。

7.1.3　ROC 曲线

需要在检测系统的检出率和误报率之间做出权衡不仅仅是恶意软件检测器而是所有检测器面临的普遍问题。工程师和统计学家对这一现象进行了长期和深入的思考，提出了接受者操作特征曲线（ROC）来描述和分析这一现象。

注
意　如果你对接受者操作特征曲线这个术语感到困惑，不要担心——这个术语之所以会令人困惑，是因为 ROC 曲线最初是为了基于雷达的物理对象检测而开发的。

ROC 曲线通过绘制不同阈值下的误报率和与之对应的检出率来刻画检测系统的特征。这有助于我们在较低的误报率和较高的检出率之间进行评价和权衡，并确定适合我们实际情况的"最佳"阈值。

例如，对于图 7-3 中我们假想的 MalDetect 系统，当误报率为 0（低阈值）时系统的检出率为 0.5，当误报率为 0.33（高阈值）时系统的检出率为 1.00。

图 7-4 更详细地展示了它是如何工作的。

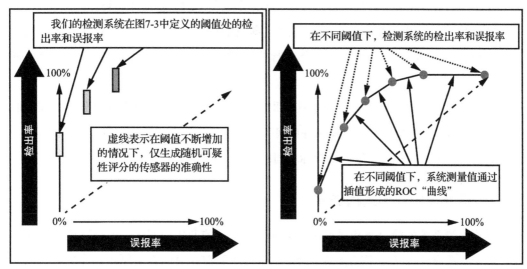

图 7-4　ROC 曲线的含义及其构造示意图

为了构建 ROC 曲线，我们先从图 7-3 中的三个阈值开始，绘制它们的误报率和检出率，如图 7-4 左半部分所示。图 7-4 中右半部分显示了同样的内容，但是针对所有可能的阈值都进行了绘制。从图上可以看到，误报率越高，检出率就越高。同样，误报率越低，检出率也就越低。

ROC 曲线图里的"曲线"表示了二维 ROC 图中检测系统的检出率相对于所有可能的误报率的变化情况，以及检测系统的误报率相对于所有可能的检出率的变化情况。有很多种方法可以生成 ROC 曲线，但这超出了本书的范围。

不过一种简单的生成方法是针对许多阈值观察相应的误报率和检出率，绘制这些点，然后用一条线将这些点连接起来。如图 7-4 中右半部分所示，这条连接线就成为了我们想要的 ROC 曲线。

7.2　在评价中考虑基准率

如你所见，ROC 曲线可以以比率的形式告诉你检测系统的工作性能，如将恶意软件判定为恶意的比率（即检出率）和将正常软件判定为恶意的比率（即误报率）。然而，ROC 曲线不会显示出你的检测系统所有报警中真正（TP）报警所占的百分比，这个比率我们称之为检测系统的精确度。检测系统的精确度与系统检测的所有二进制文件中确定是恶意软件的百分比有关，我们称之为基准率。下面是这两个术语的解释：

精确度　系统检出报警中为真正报警（即它们的确是恶意软件）的百分比。也就是说，在检测系统对二进制文件集合进行检测时，精确度等于真正数 /（真正数 + 假正数）。

基准率　在提供给系统的数据中具有我们所期望品质的数据所占的百分比。在我们的情况里，基准率是指所有二进制文件中实际为恶意软件的文件所占的百分比。

我们将在下一节中讨论这两个指标之间的关系。

7.2.1　基准率如何影响精确度

尽管检测系统的检出率和误报率不会随着基准率的变化而变化，但是系统的精确度往往会受到恶意软件基准率变化的显著影响。为了明白这里的真实原因，让我们考虑以下两种情况。

假设 MalDetect 系统的误报率是 1%，而检出率为 100%。现在假设我们将 MalDetect 系统放到一个我们预先知道没有恶意软件的网络上（也许这个网络是在实验室里从零开始创建出来的）。因为我们预先知道网络上没有恶意软件，所以每次 MalDetect 系统发出的报警按照定义都将被判定为假正，因为 MalDetect 系统遇到的每个二进制文件都将是正常软件。换句话说，精确度将为 0。

相反，如果我们在一个完全由恶意软件组成的数据集中运行 MalDetect 系统，它的所有报警都不会是误报：因为软件数据集中没有正常软件，所以 MalDetect 系统根本没有机会产生误报。因此，精确度将是 100%。

在这两种极端情况下，基准率对 MalDetect 系统的精确度或其报警为误报的概率都有很大的影响。

7.2.2　在部署环境中评价精确度

你现在知道，测试数据集中恶意软件的比例（基准率）不同时，你的系统精确度将会不同。如果你想根据系统部署环境的基准率估计来评价检测系统的精确度，该怎么办？你所要做的就是使用部署环境的基准率估计值来估算精确度计算公式中的变量：真正数 / （真正数 + 假正数）。你将需要三个数据：

- **检出率**（True Positive Rate，TPR） 系统正确检测出的恶意软件样本的百分比。
- **误报率**（False Positive Rate，FPR） 系统错误报警的正常样本的百分比。
- **基准率**（Base Rate，BR） 检测系统检测的二进制文件集中恶意软件的百分比（例如，若使用你的系统对从盗版网站下载的二进制文件进行检测，预计是恶意软件的百分比。）

精确度计算公式中的分子——真正的数量，可以通过真正率 × 基准率来估算，这给出了系统正确检测出恶意软件的百分比。类似地，精确度计算公式中的分母（真正数 + 假正数），可以通过检出率 × 基准率 + 误报率 × （1– 基准率）来估算，这里通过计算被正确检测出的恶意二进制文件的数量与触发误报报警的正常二进制文件的误报数量之和，给出了系统中所有触发报警的二进制文件的百分比。

综上所述，你可以根据下面的公式来计算系统的预期精确度：

$$精确度 = \frac{检出率 \times 基准率}{检出率 \times 基准率 + 误报率 \times （1– 基准率）}$$

让我们考虑另一个例子，来看看基准率如何对检测系统性能产生深远影响。假设我们有一个检测系统，它的检出率是 80%，误报率是 10%，并且需要检测的二进制文件中有 50% 预计是恶意软件。这种情况下的系统精确度预计为 89%。但是当基准率是 10% 时，精确度将下降到 47%。

如果基准率很低，会发生什么情况？例如，在现代企业的网络中，实际上二进制文件软件很少是恶意软件。根据精确度公式，如果我们假设基准率为 1%（每 100 个二进制文件中有 1 个是恶意软件），我们得到的精确度大约为 7.5%，这意味着我们系统的报警有 92.5% 的概率是误报！而如果我们假设基准率为 0.1%（千分之一的二进制文件可能是恶意软件），我们得到的精确度为 1%，这意味着 99% 的系统报警将是误报！最后，在基准率为 0.01%（10 000 个二进制文件中有一个可能是恶意软件——这可能是企业网络中最现实的情况）的情况下，我们的预期精确度将下降到 0.1%，这意味着我们系统的绝大多数报警都将是误报。

从这一分析中得出的一个结论是，具有高误报率的检测系统几乎永远不会在企业环境中发挥作用，因为它们的精确度实在是太低了。因此，构建恶意软件检测系统的一个关键目标是尽量降低误报率，以使得系统的精确度在合理的范围之内。

另一个相关的结论是，当你进行本章前面介绍的 ROC 曲线分析时，如果你要研制在企业环境中部署的检测系统，你应该忽略误报率超过 1% 的情况，因为任何更高的误报率都有可能导致研制出来的检测系统因为精确度太低而无法使用。

7.3　小结

在本章中，你学习了基本的检测评价概念，包括检出率、误报率、ROC 曲线、基准率和精确度。你了解了在构建恶意软件检测系统时最大化检出率和最小化误报率是同样重要的。由于基准率影响精确度的方式，如果你希望在一个企业中部署你的检测系统，那么减少误报率就显得尤为重要。

如果你对这些概念的理解还不够顺畅，请不要担心。在下一章中，你将从头开始构建和评价一个恶意软件检测系统，从而会对这些概念有更多的实践和理解。在此过程中，你将学习更多关于机器学习的评价概念，这些概念将有助于你对基于机器学习的检测系统进行改进。

第 8 章

构建基于机器学习的检测器

如今，由于高质量的开源软件完成了实现机器学习系统所需的繁重数学运算，任何了解基本 Python 并理解关键概念的人都可以使用机器学习。

在本章中，我将展示如何使用 scikit-learn 来构建基于机器学习的恶意软件检测系统。在我看来，scikit-learn 是最流行、也是最好的可获取的开源机器学习软件包。本章包含了许多样例代码。主要代码块可以在目录 malware_data_science/ch8/code 中查看，相应的样本数据可以在本书附带的目录 malware_data_science/ch8/data 的代码和数据（以及虚拟机上的）中查看。

通过阅读本章，检查样例代码，并尝试所提供的样例，你应该能够在本章结束时轻松构建和评价你自己的机器学习系统。你还将学习构建一个通用的恶意软件检测器，并使用必要的工具为特定的恶意软件家族构建恶意软件检测器。你在这里获得的技能将具有广泛的应用，你可以将机器学习应用于解决其他安全问题，例如检测恶意电子邮件或可疑网络流量。

首先，在使用 scikit-learn 之前，你需要学习必要的术语和概念。然后，你可以基于在第 6 章中学习的决策树概念，使用 scikit-learn 实现一个基本的决策树检测器。接下来，你将学习如何将特征提取代码与 scikit-learn 集成在一起，来构建一个使用真实特征提取和随机森林方法的实际恶意软件检测器。最后，你将学习如何使用 scikit-learn 来评价利用样本随机森林检测器的机器学习系统。

8.1 术语和概念

我们先来看一些术语。由于功能强大又易于使用，开源库 scikit-learn（简称 sklearn）在机器学习社区中越来越受欢迎。许多数据科学家在计算机安全社区和其他领域使用这个库，许多人将它作为执行机器学习任务的主要工具箱。尽管 sklearn 不断进行新的机器学习方法的更新，但它提供了一致的编程接口，使得可以简便地使用这些机器学习方法。

像许多机器学习框架一样，sklearn 需要向量（vector）形式的训练数据。向量是数字数组，其中数组中的每个索引都对应于训练样本软件二进制文件的一个特征。例如，如果我们的机器学习检测器使用二进制软件文件的两个特征是"压缩的"并且"包含加密数据"，那么我们用于训练二进制样本文件的特征向量可以是 [0, 1]。这里，向量中的第一个索引表示二进制文件是否被压缩，0 表示"否"，第二个索引表示二进制文件是否包含加密数据，其中 1 表示"是"。

使用向量可能有些困难，因为你必须记住每个索引所映射的特征是什么。幸运的是，sklearn 提供了帮助代码，可以将其他数据表示转换成向量形式。例如，你可以使用 sklearn 的 DictVectorizer 类将字典表示的训练数据（例如，{"压缩的"：1，"包含加密数据"：0}）转换为 sklearn 可以操作的向量表示，如 [0, 1]。之后，你可以使用 DictVectorizer 恢复向量索引和原始特征名称之间的映射。

要训练基于 sklearn 的检测器，你需要将两个单独的对象传递给 sklearn：特征向量（feature vector）和标签向量（label vector）。每个训练样本的标签向量包含一个数字，在我们的示例中，它对应于该样本是恶意软件还是正常软件。例如，如果我们向 sklearn 传递三个训练样本，然后传递回来的标签向量是 [0, 1, 0]，这里我们就告诉 sklearn 第一个样本是正常软件，第二个样本是恶意软件，第三个样本是正常软件。按照惯例，机器学习工程师使用大写的 X 变量来表示训练数据，使用小写的 y 变量来表示标签。大小写的不同对应于数学中使用大写变量表示矩阵（我们可以把它看作是向量的数组）和使用小写变量表示单个向量的约定。你在网上看到的机器学习示例代码也会使用这种约定，为了使你熟悉它，我将在本书的其余部分中也使用这种约定。

sklearn 框架还使用了其他的新术语。sklearn 将基于机器学习的检测器称为"分类器"，而不是"检测器"。在这种语境下，术语分类器只是指在一个机器学习系统中，它将事物分成为两个或多个类别。因此，检测器（我在本书中使用的术语）是一种特殊类型的分类器，它将事物分为两类，如恶意软件和正常软件。此外，sklearn 的文档和 API 经常使用拟合（fit）这个术语，而不是训练（training）这个术语。例如，你将看到类似"使用训练样本来拟合机器学习分类器"这样的句子，这相当于"使用训练样本来训练机器学习检测器"。

最后，sklearn 在分类器的语境里不使用术语检测（detect），而是使用术语预测（predict）。这个术语在 sklearn 框架中使用，不过在机器学习社区中更普遍的情况是，当机器学习系统被用于执行任务时，它不仅可以预测一周后的股票价值，还可以检测未知的二进制文件是否是恶意软件。

8.2　构建一个基于决策树的检测器雏形

现在你已经熟悉了 sklearn 的技术术语，让我们按照第 6 章中讨论的内容，使用 sklearn 框架创建一个简单的决策树。回想一下，决策树玩了一个"二十个问题"类型的游戏，在这个游戏中，它们会问一系列关于输入向量的问题，以得出这些向量是恶意的还是正常的决定。我们将逐步构建决策树分类器，然后探索出一个完整程序的示例。代码清单 8-1 显示了如何从 sklearn 导入所需的模块。

代码清单 8-1　导入 sklearn 模块

```
from sklearn import tree
from sklearn.feature_extraction import DictVectorizer
```

我们导入的第一个模块 tree 是 sklearn 的决策树模块。第二个模块 feature_extraction 是 sklearn 的助手模块，我们通过该模块可导入 DictVectorizer 类。DictVectorizer 类可以方便地将以字典形式提供的可读性高的训练数据转换为 sklearn 实际训练机器学习检测器所需要的向量表示形式。

从 sklearn 导入所需的模块之后，我们实例化必要的 sklearn 类，如代码清单 8-2 所示。

代码清单 8-2　初始化决策树分类器和向量

```
classifier = ❶tree.DecisionTreeClassifier()
vectorizer = ❷DictVectorizer(sparse=❸False)
```

我们实例化的第一个类是 DecisionTreeClassifier ❶，表示我们的检测器。尽管 sklearn 提供了许多参数来精确控制决策树的工作方式，但是这里我们没有选择任何参数，因此我们使用的是 sklearn 的默认决策树设置。

我们实例化的下一个类是 DictVectorizer ❷。我们在构造函数中将 sparse 设置为
False ❸，告诉 sklearn 我们不希望它使用稀疏向量，因为稀疏向量虽然可以节省内存，
但是处理起来很复杂。因为 sklearn 的决策树模块不能使用稀疏向量，所以我们关闭了
这个特征。

现在我们已经实例化了类，我们可以初始化一些训练数据样本，如代码清单 8-3 所示。

代码清单 8-3　声明训练向量和标签向量

```
# 声明试验性的训练数据
❶ training_examples = [
{'packed':1,'contains_encrypted':0},
{'packed':0,'contains_encrypted':0},
{'packed':1,'contains_encrypted':1},
{'packed':1,'contains_encrypted':0},
{'packed':0,'contains_encrypted':1},
{'packed':1,'contains_encrypted':0},
{'packed':0,'contains_encrypted':0},
{'packed':0,'contains_encrypted':0},
]
❷ ground_truth = [1,1,1,1,0,0,0,0]
```

在这个例子中，我们初始化了两个结构——特征向量和标签向量，它们一起组成了
我们的训练数据。以字典形式给出的特征向量赋值给 training_examples 变量 ❶。正如
你所看到的，我们使用了两个简单的特征。第一个是 packed，它表示是否加壳了特定的
文件，第二个是 contains_encrypted，它表示文件是否包含加密的数据。赋值给 ground_
truth 变量 ❷ 的标签向量表示每个训练样本是恶意的还是正常的。在本书中，以及在安
全数据科学家的经验里，0 通常代表正常，1 通常代表恶意。在这个例子中，标签向量声
明前四个特征向量是恶意的，后四个是正常的。

8.2.1　训练你的决策树分类器

现在已经声明了训练向量和标签向量，让我们调用决策树类实例的 fit 方法来训练
决策树模型，如代码清单 8-4 所示。

代码清单 8-4　使用训练数据初始化 vectorizer 类

```
# 用训练数据初始化向量化器
❶ vectorizer.fit(training_examples)
```

```
   # 将训练示例转换为向量形式
❷ X = vectorizer.transform(training_examples)
   y = ground_truth # call ground truth 'y', by convention
```

代码清单 8-4 中的代码首先通过调用 fit 方法初始化在代码清单 8-2 中已初始化的 vectorizer 类 ❶。这里，fit 方法告诉 sklearn 在 "加壳" 特征、"包含加密数据" 特征与向量数组索引之间建立一个映射。然后通过调用 vectorizer 类的 transform 方法将基于字典形式的特征向量转换为数值向量形式 ❷。回想一下，我们将特征向量分配给一个名为 *X* 的变量，将标签向量分配给一个名为 *y* 的变量，这也符合机器学习社区中的命名约定。

现在我们已经准备好了训练数据，可以通过调用决策树分类器实例上的 fit 方法来训练决策树检测器，如下所示：

```
# 训练分类器 (也就是使用 'fit' 函数对分类器进行处理)
classifier.fit(X,y)
```

正如你所看到的，训练 sklearn 检测器就是这么简单。但是在幕后，sklearn 正在经历一个算法过程，即根据我们在前一章中讨论的算法，识别一个好的决策树，以便准确地检测新软件是恶意的还是正常的。

现在我们已经训练了检测器，让我们使用代码清单 8-5 中的代码来检测一个二进制文件是恶意的还是正常的。

代码清单 8-5 确定二进制文件是否恶意

```
   test_example = ❶{'packed':1,'contains_encrypted':0}
   test_vector = ❷vectorizer.transform(test_example)
❸ print classifier.predict(test_vector) # prints [1]
```

在这里，我们为一个假设的二进制软件文件实例化一个基于字典的特征向量 ❶，然后使用 vectorizer 将其转换为我们在前面代码中已经声明的数值向量形式 ❷，然后运行我们构建的决策树检测器来确定这个二进制文件是否恶意 ❸。当我们运行代码时，你将看到分类器 "认为" 新输入的二进制文件是恶意的（因为它的输出是 "1"），并且当我们可视化决策树时，你将看到为什么会出现这种情况。

8.2.2　可视化决策树

我们来可视化 sklearn 根据我们的训练数据自动创建的决策树，如代码清单 8-6 所示。

代码清单 8-6　使用 GraphViz 创建决策树的图像文件

```
# 可视化决策树
with open(❶"classifier.dot","w") as output_file:
  ❷ tree.export_graphviz(
        classifier,
        feature_names=vectorizer.get_feature_names(),
        out_file=output_file
    )

import os
os.system("dot classifier.dot -Tpng -o classifier.png")
```

在这里，我们打开一个名为 classifier.dot 的文件 ❶。我们使用 sklearn 中 tree 模块提供的 export_graphviz() 函数来展现决策树的网络表示。然后调用 tree.export_graphviz 将一个 GraphViz 的 .dot 文件写入 classifier.dot 文件 ❷，这样决策树的网络表示形式就作为文件存入磁盘了。最后，我们使用 GraphViz 中的命令行程序 dot 就可以创建一个对决策树进行可视化的图像文件，其形式与你在第 6 章中了解到的决策树图片相对应。运行此命令时，你能够得到一个名为 classifier.png 的输出图像文件，如图 8-1 所示。

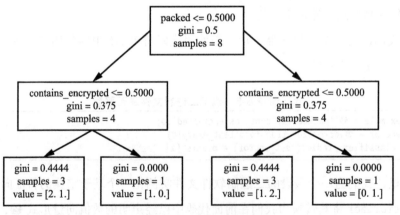

图 8-1　决策树的可视化

虽然这个决策树可视化应该在第 6 章中已经熟悉了，但是它包含了一些新的词汇。每个框中的第一行包含节点询问问题的特征名称（用机器学习的术语来说，我们说节点在"拆分"特征）。例如，第一个节点是在"加壳"这个特征上进行拆分：如果二进制文件没有加壳，我们将沿着左箭头前进；否则，我们沿着右箭头前进。

每个框中的第二行文本代表了该节点的基尼指数（gini index），它衡量了与该节点匹配的训练样本中正常软件和恶意软件之间的不平等程度。基尼指数越高，与该节点匹配的样本就越偏向于正常软件或恶意软件。这意味着每个节点的基尼系数高是好事，因为训练样本偏向恶意软件或正常软件的程度越高，我们就越能确定新的测试样本是恶意软件还是正常软件。每个框中的第三行只是给出了与该节点匹配的训练样本的数量。

你将注意到，在树的叶子节点中，框中的文本是不同的。这些节点不会"询问问题"；相反，它们会回答"这个二进制文件是恶意的还是正常的？"例如，在最左边的叶子节点中，我们有" value=[2.1.]，"这意味着这个节点匹配了两个正常的训练样本（未加壳且未加密），同时匹配了一个恶意软件训练样本。也就是说，如果到达这个节点，我们将以 33% 的概率认为这个二进制文件是恶意软件（1 个恶意软件样本 /3 个总样本 = 33%）。当我们直接用指向这些节点的问题进行拆分时，这些框中的基尼值显示了关于该二进制文件是恶意软件还是正常软件我们获得的信息有多少。正如你所看到的，查看由 sklearn 生成的决策树的可视化对于理解我们的决策树是如何进行检测的会很有用。

8.2.3　完整的示例代码

代码清单 8-7 显示了到目前为止已经描述的关于决策树工作流的完整代码。由于前面我们已经一步一步地完成了这些代码，相信这段代码对你来说应该是很容易理解的。

代码清单 8-7　完整的决策树工作流示例代码

```python
#!/usr/bin/python

# 导入 sklearn 模块
from sklearn import tree
from sklearn.feature_extraction import DictVectorizer

# 初始化决策树分类器和向量化器
classifier = tree.DecisionTreeClassifier()
vectorizer = DictVectorizer(sparse=False)

# 声明试验性的训练数据
training_examples = [
{'packed':1,'contains_encrypted':0},
{'packed':0,'contains_encrypted':0},
{'packed':1,'contains_encrypted':1},
{'packed':1,'contains_encrypted':0},
{'packed':0,'contains_encrypted':1},
{'packed':1,'contains_encrypted':0},
{'packed':0,'contains_encrypted':0},
{'packed':0,'contains_encrypted':0},
```

```
    ]
ground_truth = [1,1,1,1,0,0,0,0]

# 用训练数据初始化向量化器
vectorizer.fit(training_examples)

# 将训练数据转化为向量形式
X = vectorizer.transform(training_examples)
y = ground_truth # call ground truth 'y', by convention
# 训练分类器（也就是使用"fit"函数对分类器进行处理）
classifier.fit(X,y)

test_example = {'packed':1,'contains_encrypted':0}
test_vector = vectorizer.transform(test_example)
print `classifier.predict(test_vector)` # prints [1]

#可视化决策树
with open("classifier.dot","w") as output_file:
    tree.export_graphviz(
        classifier,
        feature_names=vectorizer.get_feature_names(),
        out_file=output_file
    )

import os
os.system("dot classifier.dot -Tpng -o classifier.png")
```

我们刚刚研究的机器学习恶意软件检测器样例演示了如何开始使用 sklearn 的功能，但是它缺少一些实际恶意软件检测器所需的必要特征。现在让我们来研究一下实际工作中的恶意软件检测器需要什么。

8.3 使用 sklearn 构建实际的机器学习检测器

要构建一个实际的检测器，你需要使用软件二进制文件的工业级（industrial-strength）特征，并编写代码从软件二进制文件中提取这些特征。工业级特征是那些反映二进制文件所有复杂性的内容，这意味着我们需要使用成百上千个特征。"提取"特征是指你必须编写代码来识别二进制文件中这些特征的存在。你还需要使用数以千计的训练样本，并大规模地训练机器学习模型。最后，你需要使用 sklearn 更高级的检测方法，因为我们刚刚研究的简单决策树方法不能提供足够的检测准确度。

8.3.1 实际的特征提取

我之前使用的诸如是否加壳、是否包含加密数据等样本特征都是简单的实验样本，仅使用这两个特征永远不会产生有效的恶意软件检测器。正如我前面提到的，实际中的恶意软件检测系统使用了成百上千甚至上百万个特征。例如，一个基于机器学习的检测器可能使用数百万个在二进制软件文件中出现的字符串作为特征。或者它可能使用二进制软件文件的 PE（可移植可执行文件）头的值、由给定二进制文件导入的函数，或是所有这些的组合。虽然在本章中我们只讨论字符串特征，但是让我们花一点时间来研究基于机器学习的恶意软件检测中常用的特征类别，先从字符串特征开始。

1. 字符串特征

软件二进制文件的字符串特征是文件可打印字符中的所有连续字符串，这些字符串至少具有一定的最小长度（在本书中，最小长度设置为五个字符）。例如，假设一个二进制文件包含以下可打印字符序列：

```
["A", "The", "PE executable", "Malicious payload"]
```

在这里，因为"PE executable"和"Malicious payload"这两个字符串超过五个字符，所以我们可以将这两个字符串用作特征。

为了将字符串特征转换成 sklearn 能够理解的格式，我们需要将它们放入 Python 字典中。我们使用实际的字符串作为字典键，当所讨论的二进制文件包含该字符串时，我们将该键值设置为 1。例如，前面的样例二进制文件将对应特征向量 {"PE executable":1, "Malicious payload":1}。当然，大多数二进制软件文件中都有数百个可打印的字符串，而不仅仅是两个，这些字符串可以包含关于程序功能的丰富信息。

事实上，由于字符串特征捕获了大量关于二进制软件文件的信息，使得字符串特征在基于机器学习的检测中发挥了很好的作用。如果二进制文件是一个加壳恶意软件样本，那么它很可能只有很少的信息字符串，这本身就暴露了该文件是恶意的。另一方面，如果文件的资源部分没有被加壳或混淆，那么这些字符串就会显示出文件的很多行为。例如，如果有问题的二进制程序发出 HTTP 请求，通常会在文件的字符串集中看到诸如 "GET %s" 之类的字符串。

然而，字符串特征有一些局限性。例如，它们没有捕获二进制程序的任何实际逻辑，因为它们不包含实际的程序代码。因此，尽管字符串在加壳的二进制文件上是有用的特征，但它们并不能揭示加壳的二进制文件实际上做了什么。因此，基于字符串特征的检测器对于检测加壳的恶意软件的效果并不理想。

2. 可移植可执行文件的头特征

PE（可移植可执行）头特征是从驻留在 Windows 系统每个 .exe 和 .dll 文件的 PE 头元数据中提取的。有关这些头文件格式的更多信息，请参阅第 1 章。要从静态二进制程序文件中提取 PE 特征，可以使用那一章给出的代码，然后用 Python 字典形式对文件特征进行编码，其中字典的键是头字段名，每个键对应的值就是头字段的值。

PE 头特征是对字符串特征的很好补充。例如，虽然字符串特征通常可以很好地捕获程序发出的函数调用和网络传输，比如 "GET %s" 的例子，而 PE 头特征却可以捕获诸如程序二进制文件的编译时间戳、PE 代码段的布局、被标记为可执行的代码段有哪些，以及它们在磁盘上的大小。它们还能捕获程序在启动时分配的内存量，以及字符串特征无法捕获到的二进制程序在运行时的许多其他特征。

在处理加壳的二进制文件时，PE 头特征仍然可以很好地用来区分加壳的恶意软件和加壳的正常软件。这是因为尽管由于混淆，我们无法还原加壳的二进制文件代码，但是我们仍然可以看到二进制文件在磁盘上占用了多少空间，以及文件代码在磁盘上是如何分布的，抑或是二进制文件是如何在一系列文件段上被压缩的。这些细节可以帮助机器学习系统区分恶意软件和正常软件。缺点是，PE 头特征不能捕获程序在运行时所执行的实际指令或调用的函数。

3. 导入地址表特征

导入地址表（Import Address Table，IAT）也是机器学习特征的一个重要来源，你在第 1 章中已经对它有所了解。IAT 包含了一个二进制软件从外部 DLL 文件导入的函数和库的列表。因此，IAT 包含关于程序行为的重要信息，你可以使用这些信息来对上一节描述的 PE 头特征进行补充。

要使用 IAT 作为机器学习特征的一个来源，你需要将每个文件表示为一个特征字典，其中字典的键是导入库和函数的名称，如果键对应的值是 1，这表示所讨论的文件包含特定库或者函数的导入（例如，键 "KERNEL32.DLL:LoadLibraryA"，其中 KERNEL32.DLL 是 DLL 文件，LoadLibraryA 是函数调用）。以这种方式为示例计算 IAT 特征得到的特征字典将类似于 {KERNEL32.DLL:LoadLibraryA: 1,…}，其中我们将二进制文件中能观察到的任何函数和库对应的键赋值为 1。

根据我构建恶意软件检测器的经验，我发现 IAT 的特征很少能很好地独立运行，尽管这些特征捕获了关于程序行为的有用的高级信息，恶意软件经常混淆 IAT 使其看起来像正常软件。即使恶意软件不进行混淆，它也经常导入与正常软件相同的 DLL 调用，这使得仅根据 IAT 信息很难区分恶意软件和正常软件。最后，当恶意软件被加壳（压缩或加密，这样真正的恶意软件代码只有在恶意软件运行时，或者恶意软件被解压缩或解密后才可见）时，IAT 只包含封包程序使用的导入，而不包含恶意软件使用的导入。也就是说，当你将 IAT 特征与其他特征（如 PE 头特征和字符串特征）结合使用时，它们可以提高系统的准确性。

4. N-gram

到目前为止，你已经了解了不涉及任何排序概念的机器学习特征。例如，我们在研究字符串特征时，检查的是二进制文件里是否具有特定的字符串，而不是在磁盘上二进制文件的布局中检查特定的字符串是在另一个字符串之前还是之后。

但有的时候顺序是很重要的。例如，我们可能会发现一个重要的恶意软件家族只导入常用的函数，但是其导入函数的顺序是非常特殊的，所以当我们观察这个顺序的函数时，我们知道我们看到的就是这个恶意软件家族，而不是正常软件。为了获取这种排序信息，你可以使用一个叫作 N-gram 的机器学习概念。

N-gram 听起来比其本身更奇特：N-gram 只是按照特征发生的顺序排列特征，然后在这个序列上生成一个长度为 n 的滑动窗口，在每一步处理时将窗口内的特征序列视为一个单一的、聚合的特征。例如，如果我们有序列 ["how"，"now"，"brown"，"cow"]，然后我们想要从这个序列中提取长度为 2 (n = 2) 的 N-gram 特征，我们将有 [("how"，"now")，("now"，"brown")，("brown"，"cow")] 作为我们的特征。

在恶意软件检测的场景中，某些类型的数据最自然的表示形式就是 N-gram 特征。例如，当你根据组成的指令将一个二进制文件进行分解时，比如 ["inc","dec","sub","mov"]，紧接着使用 N-gram 方法捕获这些指令序列特征是有意义的，原因是表示指令的序列有助于检测特定的恶意软件实现。此外，当你运行二进制文件来检查它们的动态运行行为时，你可以使用 N-gram 方法来表示二进制文件的 API 调用序列或高级行为序列。

无论何时，当你在处理以某种序列类型出现的数据时，我建议你在基于机器学习的恶意软件检测系统中试验 N-gram 特征。通常需要反复试验才能确定应该将 n 的值设置为多少，从而确定 N-gram 方法的长度。试验的过程包括通过改变 n 的数值，寻找针对测试数据的试验结果准确性最好的 *n* 的数值。一旦找到正确的数值，N-gram 就可以成为捕获二进制程序文件实际行为顺序的有用特征，从而提高系统的准确性。

8.3.2　为什么不能使用所有可能的特征

既然你已经了解了不同类别特征的优缺点，那么你可能想知道在构建最好的检测器时，为什么不能同时使用所有这些特征。使用所有可能的特征并不是最佳方案，接下来就原因进行说明：

首先，提取我们刚刚研究的所有特征需要很长时间，这会影响你的系统扫描文件的速度。更重要的是，如果你在机器学习算法上使用了太多的特征，你可能会遇到内存问题，你的系统可能需要很长时间来完成训练。这就是为什么在构建你的系统时，我建议尝试不同的特征，并使用那些在你尝试检测的某种恶意软件（以及你试图避免产生误报的正常软件）上运行良好的特征进行训练。

不幸的是，即使你只专注于某一类特征，比如字符串特征，你也经常会有很多机器学习算法无法处理的特征。当使用字符串特征时，对于训练数据中出现的每个独特字符串，必须设置一个对应的特征。例如，如果训练样本 A 包含字符串"hello world"，而训练样本 B 包含字符串"hello world!"，那么需要将"hello world"和"hello world!"视为两个独立的特征。这意味着当你处理数千个训练样本时，你将很快遇到数千个独特的字符串，并且你的系统最终将使用这些特征。

8.3.3　使用哈希技巧压缩特征

为了解决特征太多的问题，你可以使用一种流行的、直接的解决方案，称为哈希技巧（hashing trick），也称为特征哈希（feature hashing）。设想如下：假设你的训练集中有100 万个独特的字符串特征，但是你使用的机器学习算法和硬件只能处理整个训练集中的 4000 个独特特征。你需要通过某种方法将 100 万个特征压缩到一个长度为 4000 个条目的特征向量。

哈希技巧通过将每个特征哈希到 4000 个索引中的一个，使这 100 万个特征适合于4000 维的特征空间。然后将原始特征的值作为 4000 维特征向量中索引处的数值。当然，使用这种方法时，不同的特征经常发生冲突，这是因为它们的值是沿着相同的维度相加的。这导致你正在使用的机器学习算法无法"看到"单个特征的值，因此可能会影响系统的准确性。但是在实践过程中，这种精确度下降通常非常小，并且从特征的压缩表示中获得的好处要远远大于由于压缩操作而发生的这种轻微下降。

1. 实现哈希技巧

为了使这些概念更清楚，我将向你介绍实现哈希技巧的示例代码。这里我用这段代码来说明算法是如何工作的；后面，我们将使用 sklearn 来实现该函数。我们的示例代码从函数声明开始：

```
def apply_hashing_trick(feature_dict, vector_size=2000):
```

apply_hashing_trick() 函数接受两个参数：原始特征字典和应用哈希技巧后存储较小特征向量的向量维度。

接下来，我们使用以下代码创建新的特征数组：

```
new_features = [0 for x in range(vector_size)]
```

new_features 数组用于存储应用哈希技巧之后的特征信息。然后我们在一个 for 循环中执行哈希技巧的"键"操作，如代码清单 8-8 所示。

代码清单 8-8　使用 for 循环执行哈希操作

```
for key in ❶feature_dict:
    array_index = ❷hash(key) % vector_size
    new_features[array_index] += ❸feature_dict[key]
```

这里，我们使用 for 循环遍历特征字典中的每个特征 ❶。为此，我们首先对字典的键进行哈希处理（在字符串特征的情况下，这些键将对应于二进制软件文件的单个字符串），通过对 vector_size 取模使哈希值被限制在 0 和 vector_size-1 之间 ❷。我们将这个操作的结果存储在 array_index 变量中。

在 for 循环中，我们将原始特征数组中的值添加到索引 array_index 处的 new_features 数组条目的值中 ❸。在字符串特征的情况下，我们的特征值设置为 1，表示二进制软件文件具有该特定字符串，我们将该条目的数值增加 1。在 PE 头特征的情况下，其中的特征具有一系列的数值（例如，对应于 PE 段将占用的内存容量），我们将把该特征的值添加到条目中。

最后，在 for 循环之外，我们只需返回 new_features 字典，如下所示：

```
return new_features
```

此时，sklearn 只需使用数千个而不是数百万个独特的特征就可以对 new_features 进行操作。

2. 哈希技巧的完整代码

代码清单 8-9 显示了哈希技巧的完整代码，你现在对此应该熟悉了。

代码清单 8-9　实现哈希技巧的完整代码

```python
def apply_hashing_trick(feature_dict,vector_size=2000):
    # 创建一个长度为 'vector_size' 的零数组
    new_features = [0 for x in range(vector_size)]

    # 迭代特征字典中的每个特征
    for key in feature_dict:

        # 将索引放入新的特征数组中
        array_index = hash(key) % vector_size

        # 将特征值加到新的特征数组
        # 在索引处使用哈希技巧
        new_features[array_index] += feature_dict[key]

    return new_features
```

正如你所看到的，你自己很容易实现特征哈希技巧，这样做可以确保你理解它是如何工作的。不过，你也可以只使用 sklearn 的实现，该实现易于使用且性能更优。

3. 使用 sklearn 的 FeatureHasher

如果要使用 sklearn 中内置的哈希解决方案，而不是实现你自己的哈希解决方案，你需要首先导入 sklearn 的 FeatureHasher 类，如下所示：

```python
from sklearn.feature_extraction import FeatureHasher
```

接下来，实例化 FeatureHasher 类：

```python
hasher = FeatureHasher(n_features=2000)
```

为此，声明 n_features 变量作为应用哈希技巧后得到的新数组的大小。

然后，要对一些特征向量应用哈希技巧，只需通过运行 FeatureHasher 类的 trans-form 方法来处理它们：

```
features = [{'how': 1, 'now': 2, 'brown': 4},{'cow': 2, '.': 5}]
hashed_features = hasher.transform(features)
```

结果与代码清单 8-9 中所示自定义的特征哈希技巧的实现是等效的。不同之处在于，这里我们只是使用了 sklearn 的实现，这是因为使用维护良好的机器学习库比使用我们自己开发的代码更容易。完整的示例代码如代码清单 8-10 所示。

代码清单 8-10   实现 FeatureHasher

```
from sklearn.feature_extraction import FeatureHasher
hasher = FeatureHasher(n_features=10)
features = [{'how': 1, 'now': 2, 'brown': 4},{'cow': 2, '.': 5}]
hashed_features = hasher.transform(features)
```

在我们继续后续内容之前，有一些关于特征哈希的事项需要注意。首先，正如你可能已经猜到的，由于基于特征值被哈希到同一个容器的事实，特征哈希将特征值简单相加作为特征向量的值，因此特征哈希混淆了传递给机器学习算法的特征信息。这意味着，在通常情况下，使用的容器越少（或者哈希到固定数量的容器中的特征越多），算法的性能就会越差。令人惊讶的是，即使在使用哈希技巧时，机器学习算法仍然可以很好地工作，而且因为我们无法在现有硬件上处理数百万或数十亿个特征，所以我们通常不得不在安全数据科学中使用特征哈希技巧。

特征哈希技巧的另一个限制是，它使得在分析模型的内部结构时很难或不可能恢复哈希的原始特征。以决策树为例：我们将任意特征的哈希作为特征向量中的每个条目，我们不知道向某条特定条目添加的哪个特征对决策树算法在此特定条目处拆分决策路径起到直接作用，因为任意数量的特征可能导致决策树认为在此特定条目处拆分路径是一个好主意。尽管这是一个显著的限制，由于特征哈希技巧在将数百万个特征压缩到一个可控数量方面具有巨大的好处，安全数据科学家们还是接受这个方法。

现在我们已经讨论了构建实际恶意软件检测器所需的构造组件，让我们来研究如何构建端到端的机器学习恶意软件检测器。

8.4 构建工业级的检测器

从软件需求的角度来看，我们实际的检测器需要做三件事：从二进制软件文件中提取用于训练和检测的特征，使用训练数据来训练程序检测恶意软件，最后对新的、未知的二进制软件文件进行实际检测。让我们浏览一下执行这些操作的代码，这将向你展示它们是如何组合在一起的。

你可以在本书附带的代码中访问我在本节中使用的代码，路径是 malware_data_science/ch8/code/complete_detector.py，或者在本书提供的虚拟机中的相同路径中找到。其中有一个单行 shell 脚本，malware_data_science/ch8/code/run_complete_detector.sh，可以通过这个 shell 脚本来运行检测器。

8.4.1 特征提取

为了构建我们的检测器，我们需要实现的第一件事就是从训练集中的二进制文件中提取特征的代码（我在这里跳过了示范代码，将重点放在程序的核心功能上）。提取特征包括从训练集中的二进制文件中提取相关数据，将这些特征以 Python 字典形式进行存储，然后，如果我们认为不同特征数量过多的话，那么使用 sklearn 的哈希技巧实现对特征的转换。

为了简单起见，我们只使用字符串特征，并选择使用哈希技巧。代码清单 8-11 展示了如何实现这两种方法的代码。

代码清单 8-11　定义 get_string_features 函数

```
def get_string_features(❶path,❷hasher):
    # 使用正则表达从二进制文件中提取字符
    chars = r" -~"
    min_length = 5
    string_regexp = '[%s]{%d,}' % (chars, min_length)
    file_object = open(path)
    data = file_object.read()
    pattern = re.compile(string_regexp)
    strings = pattern.findall(data)

    # 以字典形式存储字符串特征
❸   string_features = {}
    for string in strings:
        string_features[string] = 1
```

```
    # 使用哈希技巧哈希特征
❹ hashed_features = hasher.transform([string_features])

    # 做一些数据转换以获取特征数组
    hashed_features = hashed_features.todense()
    hashed_features = numpy.asarray(hashed_features)
    hashed_features = hashed_features[0]

    # 返回哈希字符串特征
❺ print "Extracted {0} strings from {1}".format(len(string_features),path)
    return hashed_features
```

在这里，我们声明一个名为 get_string_features 的函数，该函数将目标二进制文件的路径 ❶ 和 sklearn 特征哈希类的一个实例 ❷ 作为参数。然后我们使用正则表达式提取目标文件的字符串，从中解析出所有最小长度为 5 的可打印字符串。然后，我们将特征存储在 Python 字典 ❸ 中做进一步处理，就是将字典中每个字符串的值设置为 1，来指示该特征在二进制文件中的出现。

接下来，我们通过调用 hasher（哈希器）并使用 sklearn 的哈希技巧实现对特征的哈希。需要注意的是，先将 string_features 字典包装在 Python 列表中，再传到 hasher 实例中 ❹，这是因为 sklearn 要求我们传递的是转换后的字典列表，而不是单个字典。

因为我们将特征字典以字典列表的形式进行传递，所以特征是以数组列表形式返回的。此外，它们以稀疏（sparse）格式返回，这是一种对于处理大型矩阵非常有用的压缩表现方式，关于稀疏矩阵的内容我们在本书中不会讨论。我们需要将数据返回到一个普通的 numpy 向量。

为了将数据恢复到正常格式，我们调用 .todense() 和 .asarray() 函数，然后选择 hasher 结果列表中的第一个数组来恢复我们最终的特征向量。这个函数的最后一步是将特征向量 hashed_features ❺ 的值返回给调用者。

8.4.2　训练检测器

由于 sklearn 承担了训练机器学习系统的大部分繁重工作，所以一旦我们从目标二进制文件中提取了机器学习特征，后续只需要少量代码就可以完成训练检测器的工作。

要训练检测器，首先需要从训练样例中提取特征，然后实例化特征哈希器和我们希望使用的 sklearn 机器学习检测器（在本例中，我们使用随机森林分类器）。然后，我们需要在检测器中调用 sklearn 的 fit 方法,利用二进制文件样本来训练检测器。最后,为了便于对未来的真实样本进行检测,我们将检测器和特征哈希器保存在硬盘中。

代码清单 8-12 显示了训练检测器的代码。

代码清单 8-12　使用 sklearn 来训练检测器

```
def ❶get_training_data(benign_path,malicious_path,hasher):
    def ❷get_training_paths(directory):
        targets = []
        for path in os.listdir(directory):
            targets.append(os.path.join(directory,path))
        return targets
    ❸ malicious_paths = get_training_paths(malicious_path)
    ❹ benign_paths = get_training_paths(benign_path)
    ❺ X = [get_string_features(path,hasher)
        for path in malicious_paths + benign_paths]
        y = [1 for i in range(len(malicious_paths))]
        + [0 for i in range(len(benign_paths))]
        return X, y
def ❻train_detector(X,y,hasher):
    classifier = tree.RandomForestClassifier()
    ❼ classifier.fit(X,y)
    ❽ pickle.dump((classifier,hasher),open("saved_detector.pkl","w+"))
```

首先声明 get_training_data() 函数 ❶,它从我们提供的训练样本中提取特征。该函数有三个参数:一个指向包含正常二进制程序样本的文件路径(benign_path),一个指向包含恶意二进制程序样本的文件路径(malicious_path),以及一个用于执行特征哈希的 sklearn FeatureHasher 类的实例(hasher)。

接下来,我们声明 get_training_paths() 函数 ❷,这是一个本地帮助函数,调用它可以获取给定目录中文件的绝对文件路径列表。在接下来的两行中,我们使用 get_training_paths 函数获取恶意 ❸ 和正常 ❹ 训练样本目录中出现的路径列表。

最后,我们提取特征并创建标签向量。我们通过调用代码清单 8-11 中所描述的 get_string_features 函数,将每个训练样本的文件路径作为输入来提取特征 ❺。注意,标签向量为每一个恶意文件样本的路径设置值为 1,为每一个正常文件样本的路径设置值为 0,这样在标签向量中每个索引的数值能够与 X 数组中相同索引的特征向量标签形成对应。这是 sklearn 期望特征和标签数据具有的形式,它允许我们向程序库文件传递每个特征向量的标签。

现在我们已经完成了特征提取,并创建了特征向量 X 和标签向量 y,我们准备告诉

sklearn 使用特征向量和标签向量来训练检测器。

我们使用 train_detector() 函数 ❻ 来完成训练检测器，这个函数有三个参数：训练样本的特征向量（X）、标签向量（y）和 sklearn 特征哈希器（hasher）的实例。在函数体中实例化 tree.RandomForestClassifier 和 sklearn 检测器。然后我们将 X 和 y 的值传递给检测器的 fit 方法来训练检测器 ❼，然后使用 Python 里的 pickle 模块 ❽ 来保存检测器和哈希器，以便在实际环境中对真实样本进行检测。

8.4.3　运行检测器检测新的二进制文件

现在让我们来看看如何使用我们刚刚训练完并保存好的检测器来检测新的二进制程序文件中的恶意软件。代码清单 8-13 显示了如何编写 scan_file() 函数来实现这个目标。

代码清单 8-13　运行检测器检测新的二进制文件

```
def scan_file(path):
    if not os.path.exists("saved_detector.pkl"):
        print "Train a detector before scanning files."
        sys.exit(1)
 ❶ with open("saved_detector.pkl") as saved_detector:
        classifier, hasher = pickle.load(saved_detector)
    features = ❷get_string_features(path,hasher)
    result_proba = ❸classifier.predict_proba(features)[1]
    # 如果用户指定了恶意软件路径和
    # 正常软件路径，就训练检测器
 ❹ if result_proba > 0.5:
        print "It appears this file is malicious!",`result_proba`
    else:
        print "It appears this file is benign.",`result_proba`
```

在这里，我们声明一个 scan_file() 函数，这个函数对一个文件进行扫描，来判定这个文件是恶意的还是正常的。它唯一的参数是我们要扫描的二进制文件的路径。函数的第一个任务是从 pickle 文件中加载已保存好的检测器和哈希器 ❶。

接下来，我们使用代码清单 8-11 中已定义的函数 get_string_features ❷ 从目标文件中提取特征。

最后，根据提取的特征，调用检测器的 predict 方法来判定文件是否为恶意软件。进一步，我们使用 classifier 实例的 predict_proba 方法进行判定 ❸，并选择它返回的数组中第二个元素的数值，作为该文件是恶意软件的概率。如果这个概率大于 0.5，或者

50% ❹，我们判定这个文件是恶意的；否则，我们告诉用户它是正常的。为了最小化误报，我们可以将这个决策阈值更改为更高的值。

8.4.4 至此我们实现了什么

代码清单 8-14 完整地显示了这个小型但可以实际使用的恶意软件检测器代码。由于你已经看过了每个单独的部分是如何工作的，我希望你能够流畅地阅读代码。

代码清单 8-14 基本的机器学习恶意软件检测器代码

```python
#!/usr/bin/python

import os
import sys
import pickle
import argparse
import re
import numpy
from sklearn.ensemble import RandomForestClassifier
from sklearn.feature_extraction import FeatureHasher

def get_string_features(path,hasher):
    # 使用正则表达式从二进制文件中提取字符串
    chars = r" -~"
    min_length = 5
    string_regexp = '[%s]{%d,}' % (chars, min_length)
    file_object = open(path)
    data = file_object.read()
    pattern = re.compile(string_regexp)
    strings = pattern.findall(data)

    # 以字典形式存储字符串特征
    string_features = {}
    for string in strings:
        string_features[string] = 1

    # 使用哈希技巧哈希特征
    hashed_features = hasher.transform([string_features])

    # 做一些数据调整以获得特征数组
    hashed_features = hashed_features.todense()
    hashed_features = numpy.asarray(hashed_features)
    hashed_features = hashed_features[0]

    # 返回哈希字符串特征
    print "Extracted {0} strings from {1}".format(len(string_features),path)
    return hashed_features

def scan_file(path):
```

```
        # 扫描文件以确定它是恶意软件还是正常软件
        if not os.path.exists("saved_detector.pkl"):
            print "Train a detector before scanning files."
            sys.exit(1)
        with open("saved_detector.pkl") as saved_detector:
            classifier, hasher = pickle.load(saved_detector)
        features = get_string_features(path,hasher)
        result_proba = classifier.predict_proba([features])[:,1]
        # 如果用户指定了恶意软件路径和
        # 正常软件路径, 就训练检测器
        if result_proba > 0.5:
            print "It appears this file is malicious!",`result_proba`
        else:
            print "It appears this file is benign.",`result_proba`

def train_detector(benign_path,malicious_path,hasher):
    # 在指定的训练数据上训练检测器
    def get_training_paths(directory):
        targets = []
        for path in os.listdir(directory):
            targets.append(os.path.join(directory,path))
        return targets
    malicious_paths = get_training_paths(malicious_path)
    benign_paths = get_training_paths(benign_path)
    X = [get_string_features(path,hasher) for path in malicious_paths + benign_paths]
    y = [1 for i in range(len(malicious_paths))] + [0 for i in range(len(benign_paths))]
    classifier = tree.RandomForestClassifier(64)
    classifier.fit(X,y)
    pickle.dump((classifier,hasher),open("saved_detector.pkl","w+"))

def get_training_data(benign_path,malicious_path,hasher):
    def get_training_paths(directory):
        targets = []
        for path in os.listdir(directory):
            targets.append(os.path.join(directory,path))
        return targets
    malicious_paths = get_training_paths(malicious_path)
    benign_paths = get_training_paths(benign_path)
    X = [get_string_features(path,hasher) for path in malicious_paths + benign_paths]
    y = [1 for i in range(len(malicious_paths))] + [0 for i in range(len(benign_paths))]
    return X, y

parser = argparse.ArgumentParser("get windows object vectors for files")
parser.add_argument("--malware_paths",default=None,help="Path to malware training files")
parser.add_argument("--benignware_paths",default=None,help="Path to benignware training files")
parser.add_argument("--scan_file_path",default=None,help="File to scan")
args = parser.parse_args()

hasher = FeatureHasher(20000)
if args.malware_paths and args.benignware_paths:
    train_detector(args.benignware_paths,args.malware_paths,hasher)
elif args.scan_file_path:
    scan_file(args.scan_file_path)
```

```
else:
    print "[*] You did not specify a path to scan," \
        " nor did you specify paths to malicious and benign training files" \
        " please specify one of these to use the detector.\n"
    parser.print_help()
```

编写一个基于机器学习的恶意软件检测器是很好的，但是如果你打算满怀信心地部署高效的检测器，那么评价和改进它的性能是必要的。接下来，你将学习评价检测器性能的不同方法。

8.5　评价检测器的性能

方便的是，sklearn 包含了一些代码，这些代码使得使用 ROC 曲线之类你在第 7 章中已经了解的度量来评价检测系统变得很容易。sklearn 库还针对评价机器学习系统提供了附加评价功能。例如，你可以使用 sklearn 的函数来执行交叉验证，这是你在部署检测器时用于预测检测器工作效果的一种有效方法。

在本节中，你将学习如何使用 sklearn 绘制 ROC 曲线来反映检测器的准确性。你还将了解交叉验证的内容以及如何使用 sklearn 来实现交叉验证。

8.5.1　使用 ROC 曲线评价检测器的功效

回想一下，当你调整检测器的灵敏度时，接受者操作特征（ROC）曲线测量检测器的准确率（它成功检测到的恶意软件的百分比）和误报率（它错误标记为恶意软件的正常软件的百分比）的变化。

灵敏度越高，误报的恶意软件就越多，但同时你的恶意软件检出率就越高。灵敏度越低，误报的恶意软件就越少，但得到的检测结果也就越少。要计算 ROC 曲线，你需要一个检测器，它可以输出一个威胁评分，其值越高代表二进制文件是恶意的可能性越高。方便的是，sklearn 在决策树、逻辑回归、k 近邻、随机森林和本书介绍的其他机器学习方法的实现中，都提供了输出威胁评分的选项，该评分反映文件是恶意软件还是正常软件。让我们来研究如何使用 ROC 曲线来确定检测器的准确度。

8.5.2　计算 ROC 曲线

要为代码清单 8-14 中构建的机器学习检测器计算 ROC 曲线，我们需要做两件事：

第一，定义一个实验环境；第二，使用 sklearn 的 metrics 模块完成实验。对于我们的基本实验设置，我们将训练样本分成两部分，这样我们就可以使用前半部分的样本进行训练，然后使用后半部分的样本来计算 ROC 曲线。这种分割模拟了检测 0day 恶意软件的问题。基本上，通过分割数据，我们告诉程序"给我看一部分恶意软件和正常软件，我将用它们来学习如何识别恶意软件和正常软件，然后给我看另一部分，测试我对恶意软件和正常软件概念的掌握程度。"因为检测器从来没有在测试集中看到过恶意软件（或正常软件），所以这个评价实验是以一种简单的方式来预测检测器在面对实际的新型恶意软件时的检测性能。

通过使用 sklearn 来实现这种拆分非常简单。首先，我们在检测器的参数解析器类中添加一个选项，表示我们想要评价检测器的准确性，如下所示：

```
parser.add_argument("--evaluate",default=False,
action="store_true",help="Perform cross-validation")
```

然后，如代码清单 8-15 所示，在程序中处理命令行参数的部分，我们添加了另一个 elif 子句，用于处理用户向命令行参数添加 -evaluate 的情况。

代码清单 8-15　在新的二进制文件上运行检测器

```
elif args.malware_paths and args.benignware_paths and args.evaluate:
  ❶ hasher = FeatureHasher()
    X, y = ❷get_training_data(
    args.benignware_paths,args.malware_paths,hasher)
    evaluate(X,y,hasher)
def ❸evaluate(X,y,hasher):
    import random
    from sklearn import metrics
    from matplotlib import pyplot
```

让我们详细介绍一下这段代码。首先，我们实例化一个 sklearn 特征哈希器 ❶，获取在我们的评价试验中所需要的训练数据 ❷，然后定义一个名为 evalute 的函数 ❸，这个函数将训练数据（X, y）和特征哈希器实例（hasher）作为它的参数，并导入我们执行评价实验所需的三个模块。我们使用 random 模块随机选择训练样本，随机决定哪些样本用来训练检测器，哪些样本用来做测试。我们使用 sklearn 中的 metrics 模块来计算 ROC 曲线，并使用 matplotlib 中的 pyplot 模块（用于数据可视化的事实标准 Python 库）对 ROC 曲线进行可视化展示。

8.5.3 将数据拆分为训练集和测试集

现在我们已经把与训练数据相对应的 X 和 y 数组进行了随机排序，接下来我们可以将这些数组拆分为大小相同的训练集和测试集，过程如代码清单 8-16 所示。它会继续使用代码清单 8-15 中定义的 evaluate() 函数。

代码清单 8-16 将数据拆分为训练集和测试集

```
❶ X, y = numpy.array(X), numpy.array(y)
❷ indices = range(len(y))
❸ random.shuffle(indices)
❹ X, y = X[indices], y[indices]
   splitpoint = len(X) * 0.5
❺ splitpoint = int(splitpoint)
❻ training_X, test_X = X[:splitpoint], X[splitpoint:]
   training_y, test_y = y[:splitpoint], y[splitpoint:]
```

首先，我们把 X 和 y 转换成 numpy 数组 ❶，然后创建一个对应 X 和 y 中元素数量的索引列表 ❷。接下来，我们对这些索引进行随机排序 ❸ 并根据这个新顺序对 X 和 y 进行对应排序 ❹。这使我们随机分配样本给训练集和测试集，确保我们不会简单地按照样本在我们的实验数据目录中出现的顺序来分割样本。为了完成随机分割，我们要找到能将数据集均匀分成两半的数组索引将其作为拆分点把数组分成两半，使用 int() 函数将拆分点四舍五入为最接近的整数 ❺，然后把 X 和 y 数组实际拆分成训练集和测试集 ❻。

现在我们有了训练集和测试集，我们可以使用以下训练数据来实例化和训练决策树检测器：

```
classifier = RandomForestClassifier()
classifier.fit(training_X,training_y)
```

然后我们使用训练好的分类器对我们的测试样本进行评分，得到与这些测试样本是恶意的可能性相对应的分数：

```
scores = classifier.predict_proba(test_X)[:,-1]
```

在这里，我们在分类器上调用 predict_proba() 方法，用来预测测试样本是正常软件还是恶意软件的概率。然后，使用 numpy 索引，我们只提取样本是恶意软件的概率，而不是正常软件的概率。这里需要记住的是，这些概率是有冗余的（例如，如果一个样本是恶意软件的概率是 0.99，那么它是正常软件的概率是 0.01，因为概率加起来是 1.00），所以我们只需要这里的恶意软件概率。

8.5.4　计算 ROC 曲线

现在我们已经用我们的检测器计算了恶意软件的概率（我们也可以称之为"分数"），现在我们来计算 ROC 曲线。我们首先在 sklearn 的 metrics 模块中调用 roc_curve 函数，如下所示：

```
fpr, tpr, thresholds = metrics.roc_curve(test_y, scores)
```

roc_curve 函数测试各种决策阈值（decision threshold），或评分阈值，如果超过这些阈值，我们将认为一个二进制软件文件是恶意的，并测量如果我们使用该检测器，检测器的误报率和检出率会是多少。

你可以看到 roc_curve 函数接受两个参数：测试样本的标签向量 test_y 和 scores 数组，其中包含检测器对每个训练样本恶意性的判定情况。函数返回三个相关数组：fpr、tpr 和 thresholds。这些数组的长度都相同，因此每个索引的误报率、检出率和决策阈值彼此对应。

现在我们可以使用 matplotlib 来可视化我们刚刚计算的 ROC 曲线。我们通过调用 matplotlib 的 pyplot 模块上的 plot 方法来绘制 ROC 曲线，如下所示：

```
pyplot.plot(fpr,tpr,'r-')
pyplot.xlabel("Detector false positive rate")
pyplot.ylabel("Detector true positive rate")
pyplot.title("Detector ROC Curve")
pyplot.show()
```

我们调用 xlabel、ylabel 和 title 方法来标记图表的横轴、纵轴和标题，然后调用 show 方法弹出图表窗口。

结果 ROC 曲线如图 8-2 所示。

从图 8-2 可以看出，对于这样一个基本的示例，检测器表现得很好。在大约 1% 的误报率（10^{-2}）时，它可以检测出测试集中大约 94% 的恶意软件样本。我们只在这里用几百个训练样本来训练检测器，为了获得更好的准确性，我们需要对它进行数万、数十万甚至数百万个样本的训练（将机器学习扩展到这个程度超出了本书的范围）。

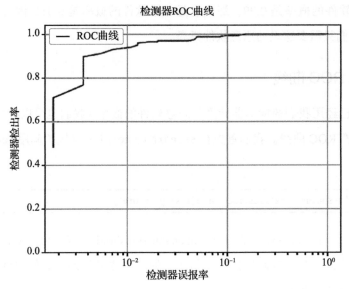

图 8-2　检测器的 ROC 曲线示意图

8.5.5　交叉验证

虽然将 ROC 曲线可视化是有用的，但通过对训练数据进行多次实验而不仅仅是一次，我们实际上可以更好地提高检测器在实际检测工作中的准确率。回想一下，在我们的测试过程中，我们将训练样本分成两部分，第一部分训练检测器，第二部分用于进行测试。然而，这对于检测器的检测是不够的。在实际工作中，我们不会在这个特定的测试样本集上来衡量检测器的准确率，而是用对新的、以前未检测过的恶意软件来衡量准确率。为了更好地了解测试程序部署后的运行效果，我们需要在一组测试数据集上运行多个实验；为了了解准确率的整体趋势，我们还需要在多个测试集上进行多次实验。

我们可以使用交叉验证来实现这一点。交叉验证背后的基本思想是将我们的训练样本分成多个组（这里我使用了三个组，但是你可以使用更多）。例如，如果你有 300 个样本，并决定将它们分成 3 组，前 100 个样本会在第一组，后 100 个样本会在第二组，最后 100 个样本会在第三组。

然后我们运行三个实验。在第一个实验中，我们用第 2 组和第 3 组中的样本训练系统，用第 1 组的样本测试系统。在第二次实验中，我们重复这个过程，但用第 1 组和第 3 组的样本训练系统，用第 2 组的样本测试系统。在第三次实验中，正如你们现在可能预测到的,我们用第 1 组和第 2 组中的样本训练系统然后用第 3 组的样本测试系统。
图 8-3 说明了这个交叉验证的过程。

图 8-3 样本交叉验证过程

使用 sklearn 的函数库可以很容易地实现交叉验证。为此,我们将代码清单 8-15 中的 evaluate 函数重写为 cv_evaluate 函数。

```
def cv_evaluate(X,y,hasher):
    import random
    from sklearn import metrics
    from matplotlib import pyplot
    from sklearn.cross_validation import KFold
```

这里,我们启动 cv_evaluate() 函数的方式与启动初始评价函数的方式相同,只是这里我们还从 sklearn 的 cross_validation 模块导入了 KFold 类。K-fold 交叉验证,或简称 KFold,就是我们刚才所讨论的交叉验证的同义词,是进行交叉验证的最常见方法。

接下来,我们将我们的训练数据转换成 numpy 数组,这样我们就可以对它使用 numpy 的增强数组索引:

```
X, y = numpy.array(X), numpy.array(y)
```

下面的代码实际上启动了交叉验证过程:

```
fold_counter = 0
    for train, test in KFold(len(X),3,❶shuffle=True):
❷ training_X, training_y = X[train], y[train]
    test_X, test_y = X[test], y[test]
```

我们首先实例化 KFold 类,将训练样本的数量作为第一个参数进行传递,想要使用的组的数量作为第二个参数。第三个参数为 shuffle=True ❶,它告诉 sklearn 在将训练数据分成三组之前进行随机排序。KFold 实例实际上是一个迭代器，在每次迭代中提供不同的训练或测试样本分组。在 for 循环中，我们将训练实例和测试实例分配给包含对应元素的 training_X 和 training_y 数组 ❷。

在准备好训练和测试数据之后，我们准备实例化和训练随机森林分类器 RandomForest-Classifier，正如你在本章之前所学到的：

```
classifier = RandomForestClassifier()
classifier.fit(training_X,training_y)
```

最后，我们计算出这个特定分组的 ROC 曲线，然后画出这条 ROC 曲线：

```
scores = classifier.predict_proba(test_X)[:,-1]
fpr, tpr, thresholds = metrics.roc_curve(test_y, scores)
pyplot.semilogx(fpr,tpr,label="Fold number {0}".format(fold_counter))
fold_counter += 1
```

注意，我们还没有调用 matplotlib show 方法来显示图表。在所有的分组都完成评价之后，我们就可以同时显示这 3 条 ROC 曲线了。正如我们在上一节中所做的，我们给坐标轴加上标签，并给图起一个标题，如下所示：

```
pyplot.xlabel(" 检测器误报率 ")
pyplot.ylabel(" 检测器检出率 ")
pyplot.title(" 检测器交叉验证的 ROC 曲线 ")
pyplot.legend()
pyplot.grid()
pyplot.show()
```

得到的 ROC 曲线如图 8-4 所示。

正如你所看到的，我们的结果显示每个分组的评价结果是相似的，但不同分组之间也有一些变化。我们在三次实验中的检出率平均为 90%，而误报率为 1%。这个评价由于考虑了所有三个交叉验证实验，对我们检测器的性能评估比我们只对数据进行一次实验时得到的评估更加准确；在这种情况下，我们碰巧用于训练和测试的样本会导致一些随机的结果。通过运行更多实验，我们可以更好地了解我们解决方案的功效。

值得注意的是，这些结果并不会很好，因为我们只拿了非常少量的样本进行训练：几百个恶意软件和正常软件样本。在我的日常工作中，在训练大规模的机器学习恶意软件检测系统时，我们通常拿数以亿计的样本进行训练。你不必拿数以亿计的样本来训练自己的恶意软件检测器，但是你至少需要构建数万个样本的数据集来使检测器开始获得真正良好的性能（例如，在 0.1% 的误报率时达到 90% 的恶意软件检出率）。

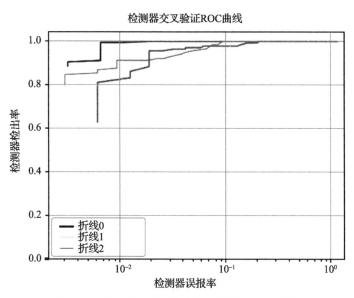

图 8-4　使用交叉验证绘制检测器的 ROC 曲线

8.6　下一步工作

到目前为止，我介绍了如何使用 Python 和 sklearn 来从训练数据集中的二进制软件文件里提取特征，然后训练和评价基于决策树的机器学习方法。要改进系统，可以组合使用可打印字符串特征之外的特征（例如 PE 头特征、N-gram 指令特征或前面讨论过的导入地址表特征），或者使用不同的机器学习算法。

为了使检测器更精确，我建议你除了使用 sklearn 的随机森林分类器 RandomForest-Classifier (sklearn.ensemble.RandomForestClassifier)，也可尝试其他分类器。回顾上一章，随机森林检测器也是基于决策树的，但不是只基于一个决策树，他们建立了很多决策树，随机化它们的建立方式。这些决策树中的每一个都会做出独立决策，我们将这些决策树相加并除以树的总数，从而得到一个平均结果，以此来确定一个新文件是恶意软件还是正常软件。

你还可以使用 sklearn 提供的其他算法，比如逻辑回归。使用这些算法中的任何一种都可以像在本章中对示例代码进行搜索和替换一样简单。例如，如下所示，我们在本章中将对决策树进行实例化并训练：

```
classifier = RandomForestClassifier()
classifier.fit(training_X,training_y)
```

但是你可以简单地用以下代码进行替换：

```
from sklearn.linear_model import LogisticRegression
classifier = LogisticRegression()
classifier.fit(training_X,training_y)
```

替换后就生成了一个逻辑回归检测器，而不是基于决策树的检测器。通过计算这个逻辑回归检测器的交叉验证评价结果，并将其与图 8-4 中决策树的交叉验证结果进行比较，你可以确定哪个模型功效更好。

8.7　小结

在本章中，你了解了构建基于机器学习的恶意软件检测器的来龙去脉。具体来说，你学习了如何从二进制软件文件中提取用于机器学习的特征，如何使用哈希技巧压缩这些特征，以及如何使用这些提取的特征来训练基于机器学习的恶意软件检测器。你还学习了如何绘制 ROC 曲线来检验检测器的检测阈值、检出率、误报率三者之间的关系。最后，你了解了更高级的评价思路"交叉验证"，以及可增强本章中所使用检测器功效的其他可能扩展。

至此本书关于使用 sklearn 进行基于机器学习的恶意软件检测的讨论就结束了。我们将在第 10 章和第 11 章讨论另一种机器学习方法，即深度学习方法或人工神经网络。现在你已经掌握了在恶意软件识别场景中有效使用机器学习所需的基本知识。我鼓励你多读一些关于机器学习的书。由于计算机安全在很多情况下都是数据分析问题，因此机器学习将持续适用于安全行业的应用，不仅在检测恶意二进制文件方面，而且在检测网络流量、系统日志和其他场景中的恶意行为方面也将继续发挥作用。

在下一章，我们将深入研究对恶意软件之间的关系进行可视化展现，这可以帮助我们快速了解大量恶意软件样本之间的相似性和不同点。

第9章

可视化恶意软件趋势

在很多情况下，可视化是用来分析恶意软件集合的最佳方法。将安全数据可视化可以让我们快速识别恶意软件在整个威胁范围内的发展趋势。可视化的数据通常比非可视化的统计结果更直观，有助于大众更好地理解其中的信息。例如，在本章中，我们将介绍如何通过可视化技术对数据集中普遍存在的恶意软件进行分类并分析其发展趋势（例如，2016年的趋势就是出现了勒索软件），以及分析商业反病毒系统在检测恶意软件方面的有效性。

通过本章的示例，你将了解如何利用 Python 数据分析包 pandas 以及数据可视化包 seaborn 和 matplotlib 来实现数据的可视化，从而洞察其中有价值的信息。其中，pandas 包主要用于加载和操作数据，与数据可视化本身没有太大关系，但它在可视化的数据准备中非常重要。

9.1　为什么可视化恶意软件数据很重要

为了解恶意软件数据可视化所起的作用，我们来看两个例子。第一个例子通过可视化来研究"反病毒行业检测勒索软件的能力是否在提高"这一问题；第二个例子通过可视化来研究"在过去的一年里，哪些恶意软件类型形成了流行趋势"。首先让我们来看看第一个例子，如图 9-1 所示。

我用从数千个勒索软件样本上收集的数据创建了这个勒索软件可视图，其中包含了在每个样本上运行 57 个不同反病毒扫描引擎的检测结果。每个圆圈代表一个恶意软件样本。Y 轴表示某个恶意样本在被反病毒引擎扫描后被检出的次数，注意图中 Y 轴的最大值为 60，因为总共有 57 个检测引擎，所以一个样本的检测次数最大值为 57。X 轴表示某个恶意软件样本在恶意软件分析网站 VirusTotal.com 上首次提交并对其进行扫描的时间。

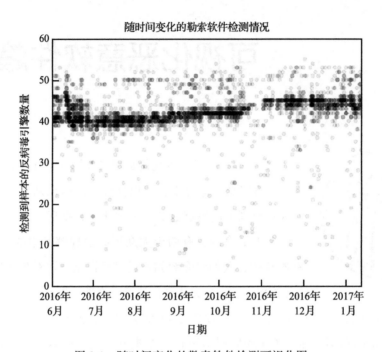

图 9-1　随时间变化的勒索软件检测可视化图

　　在这个图中，可以看到反病毒社区对这些恶意文件的检测能力，在 2016 年 6 月起步较为强劲，之后在 2016 年 7 月前后降了下来，然后余下的时间里稳步上升。到 2016 年底，勒索软件文件仍然被平均约 25% 的反病毒引擎遗漏，所以我们可以得出结论，在这段时间内，安全社区在检测这些文件方面仍然有些薄弱。

　　为了进一步深入研究，你可以创建一个可视化工具，以显示哪些反病毒引擎能够检出勒索软件、检出率如何以及它们是如何随着时间推移而改进的，或者分析各种反病毒引擎对其他类别恶意软件（例如特洛伊木马）的检测能力。这些可视化图表可用于反病毒引擎的采购方案决策，或者用于指导人们设计一种作为商业反病毒检测系统辅助的自定义病毒检测方案（有关构建定制化检测系统的更多信息，请参见第 8 章）。

　　图 9-2 是使用与图 9-1 相同的数据集创建的另一个可视化样例。

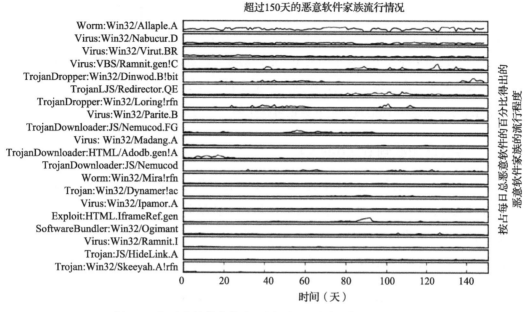

图 9-2　各恶意软件家族在不同时间段被检出情况的示意图

图 9-2 显示了 20 个最常见的恶意软件家族以及他们在 150 天内发生的相对频率。从图中可以看到一些关键点：最流行的恶意软件家族是 Allaple.A，在 150 天的时间里持续出现，其他的恶意软件家族，如 Nemucod.FG，则在短时间内流行，然后很快消失。如果使用在你工作场所网络上检测到的恶意软件数据制成这样一个图表，就可以看出一些有帮助的趋势，比如在不同的时间里，哪些类型的恶意软件对你的组织进行了攻击。如果没有创建这样的对比图，理解和比较这些恶意软件类型在不同时间段内的相对峰值和数量就会比较困难和费时。

这两个示例展现了恶意软件可视化的作用。本章的其余部分将介绍如何创建一个可视化项目。我们将从介绍本章所使用的样本数据集作为开始，然后介绍如何使用 pandas 包来分析数据。最后，我们将介绍如何使用 matplotlib 和 seaborn 这两个包来对数据进行可视化。

9.2　理解我们的恶意软件数据集

本章将使用的数据集是基于从 VirusTotal（一个提供恶意软件检测聚合服务的平台）

收集的 37 000 个特定恶意软件二进制文件建立的。每个二进制文件都有四个字段的标签数据：将该样本标记为恶意的反病毒引擎数量（总计 57 个，本书也称为每个样本被检出的数量）、二进制文件大小、样本的类型（挖矿病毒、键盘记录器、勒索软件、木马或蠕虫），以及该样本首次上传到平台的时间。你将看到，即使每个二进制文件的元数据信息相当有限，我们依然可以通过分析和数据可视化的方式洞察其中重要的信息。

9.2.1 将数据加载到 pandas 中

使用 Python 中流行的数据分析库 pandas，可以轻松地将数据加载到名为 DataFrame 的分析对象中，并对重新加壳的数据提供切片、转换和分析等处理方法。我们使用 pandas 加载和分析我们的数据，并为可视化做准备。下面我们使用代码清单 9-1 来定义和加载一些样本数据到 Python 解释器。

代码清单 9-1　直接将数据加载到 pandas 中

```
In [135]: import pandas

In [136]: example_data = [❶{'column1': 1, 'column2': 2},
     ...:   {'column1': 10, 'column2': 32},
     ...:   {'column1': 3, 'column2': 58}]

In [137]: ❷pandas.DataFrame(example_data)
Out[137]:
   column1  column2
0        1        2
1       10       32
2        3       58
```

这里我们定义了数据 example_data，其类型是 Python 字典列表 ❶。一旦我们创建了这个字典列表后，把它传递给 DataFrame 的构造函数 ❷ 以获得相应的 pandas DataFrame 对象。这些字典中的每一个都变成了 DataFrame 中的一行，字典中的值（如 column1 和 column2）则分别成为一列。这是直接将数据加载到 pandas 的一种方法。

你还可以从外部的 CSV 文件中加载数据。我们可以使用代码清单 9-2 中的代码来加载本章的数据集（可在虚拟机或本书附带的数据和代码中找到）。

代码清单 9-2　从外部 CSV 文件将数据加载到 pandas 中

```
import pandas
malware = pandas.read_csv("malware_data.csv")
```

导入 malware_data.csv 后，生成的恶意软件对象应如下所示：

序号	检出数 (positives)	大小 (size)	类型 (type)	首次发现该恶意软件的时间 (fs_bucket)
0	45	251592	trojan	2017-01-05 00:00:00
1	32	227048	trojan	2016-06-30 00:00:00
2	53	682593	worm	2016-07-30 00:00:00
3	39	774568	trojan	2016-06-29 00:00:00
4	29	571904	trojan	2016-12-24 00:00:00
5	31	582352	trojan	2016-09-23 00:00:00
6	50	2031661	worm	2017-01-04 00:00:00

这样我们就得到了一个由恶意软件数据集组成的 pandas DataFrame 对象，它包括四列：positives（57 个反病毒引擎中检出某个样本的引擎数量）、size（恶意二进制文件在磁盘中占据的字节数）、type（恶意软件的类型，如特洛伊木马、蠕虫等）、fs_bucket（首次发现该恶意软件的时间）。

9.2.2　使用 pandas DataFrame

现在数据已放在了 pandas DataFrame 对象中，下面我们来演示一下如何通过 describe() 方法来访问和操作数据，如代码清单 9-3 所示。

代码清单 9-3　调用 describe() 方法

```
In [51]: malware.describe()
Out[51]:
              positives          size
count  37511.000000  3.751100e+04
mean      39.446536  1.300639e+06
std       15.039759  3.006031e+06
min        3.000000  3.370000e+02
25%       32.000000  1.653960e+05
50%       45.000000  4.828160e+05
75%       51.000000  1.290056e+06
max       57.000000  1.294244e+08
```

如代码清单 9-3 所示，调用 describe() 方法显示了一些有关 DataFrame 的有用统计信息。第一行 count 计算 positives（检出数）非空的行数，以及 size（样本大小）非空的行数。第二行 mean 表示平均每个样本的平均检出数，以及这些恶意样本的平均大小。接下来两行是 positives 和 size 的标准偏差，以及数据集中所有样本每一列数据的最小值。最后几行是各列数值的百分比和最大值。

假设我们想要检索恶意软件 DataFrame 中其中一列的数据，比如 positives 列（例如：查看每个文件的平均检出数或绘制显示检出数分布的直方图）。要做到这一点，我们只需输入 malware['positives']，就会得到以数字列表形式返回的 positives 列，如代码清单 9-4 所示。

代码清单 9-4　返回 positives 列

```
In [3]: malware['positives']
Out[3]:
0       45
1       32
2       53
3       39
4       29
5       31
6       50
7       40
8       20
9       40
--snip--
```

检索列后，我们可以直接计算它的统计信息。例如，malware['positives'].mean() 计算列的平均值，malware['positives'].max() 计算最大值，malware['positives'].min() 计算最小值，malware['positives'].std() 计算标准偏差。代码清单 9-5 显示了这些示例。

代码清单 9-5　计算平均值、最大值和最小值以及标准差

```
In [7]: malware['positives'].mean()
Out[7]: 39.446535682866362

In [8]: malware['positives'].max()
Out[8]: 57

In [9]: malware['positives'].min()
Out[9]: 3

In [10]: malware['positives'].std()
Out[10]: 15.039759380778822
```

还可以对数据进行切片和切块以进行更详细的分析。例如，代码清单 9-6 计算了特洛伊木马、挖矿病毒和蠕虫三类恶意软件的平均检出率。

代码清单 9-6　计算不同恶意软件的平均检出率

```
In [67]: malware[malware['type'] == 'trojan']['positives'].mean()
Out[67]: 33.43822473365119
```

```
In [68]: malware[malware['type'] == 'bitcoin']['positives'].mean()
Out[68]: 35.857142857142854

In [69]: malware[malware['type'] == 'worm']['positives'].mean()
Out[69]: 49.90857904874796
```

我们首先使用以下表达式来选择 DataFrame 中类型为特洛伊木马的行：malware [malware ['type'] =='trojan']。为了选择结果数据的 positives 列并计算平均值，我们可以将此表达式进行如下扩展：malware[malware['type'] =='trojan']['positives'].mean()。代码清单 9-6 出现了一个有趣的结果，即蠕虫恶意软件比挖矿恶意软件和特洛伊木马恶意软件更容易被检测到。可以看到，三种类型恶意软件的平均检出率中，49.9 大于 35.8 和 33.4，恶意蠕虫样本（49.9）比恶意挖矿和特洛伊木马样本（35.8、33.4）能够被更多引擎检出。

9.2.3　使用条件过滤数据

我们可以使用其他条件来选择数据的子集。例如，可以对数值数据（如恶意软件文件大小）使用"大于"和"小于"等条件来过滤数据，然后计算结果子集的统计数据。例如当我们关注反病毒引擎的有效性是否与文件大小有关这类问题时，上述方法将非常有用。可以使用代码清单 9-7 中的代码来进行检查。

代码清单 9-7　通过恶意软件文件大小过滤结果

```
In [84]: malware[malware['size'] > 1000000]['positives'].mean()
Out[84]: 33.507073192162373

In [85]: malware[malware['size'] > 2000000]['positives'].mean()
Out[85]: 32.761442050415432

In [86]: malware[malware['size'] > 3000000]['positives'].mean()
Out[86]: 27.20672682526661

In [87]: malware[malware['size'] > 4000000]['positives'].mean()
Out[87]: 25.652548725637182

In [88]: malware[malware['size'] > 5000000]['positives'].mean()
Out[88]: 24.411069317571197
```

取前面代码中的第一行：首先，我们选取 DataFrame 的子集，只选取大小超过 1 000 000 的样本（malware[malware['size']>1000000]）。然后获取 positives 列并计算平均值（['positives'].mean()），大约是 33.5。当我们把文件大小设置得越来越大时，我们看到每组的平均检测次数都在下降。这意味着我们发现了恶意软件文件大小和检测出这些恶意软件样本的反病毒引擎平均数之间确实存在关联。这很有意思，值得进一步研究。接下来，我们将使用 matplotlib 和 seaborn 来直观地探讨这个问题。

9.3 使用 matplotlib 可视化数据

用 Python 做数据可视化的首选库是 matplotlib。实际上，大多数其他 Python 可视化库实质上都是对 matplotlib 进行了适当的封装。一起使用 matplotlib 与 pandas 很简单：用 pandas 来获取我们想要绘制的数据并进行切片和切块，然后使用 matplotlib 绘图。就我们的目标而言，最有用的 matplotlib 函数就是 plot 函数。图 9-3 显示了 plot 函数的功能。

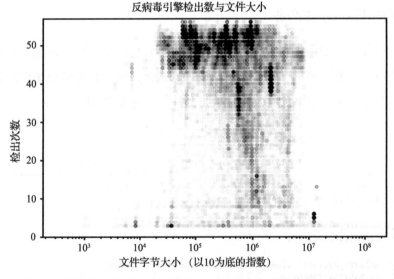

图 9-3 恶意软件样本大小和检出样本的反病毒引擎数之间的示意图

这里，我对恶意软件数据集中的 "positives" 和 "size" 两列属性进行了绘图。正如上一节介绍 pandas 时所预测的那样，我们可以发现一个有趣的结果：图中显示，在扫描这些样本文件的 57 个反病毒引擎中，大多数引擎很少能检测出小文件或非常大的文件中的病毒。然而，大多数引擎都能检出中等大小（大约 $10^{4.5} \sim 10^7$ 字节）的恶意软件。这可能是因为小文件没有包含足够的信息来让引擎确定它们是恶意的；而大文件的扫描速度太慢，导致许多反病毒引擎根本无法扫描它们。

9.3.1　绘制恶意软件大小和反病毒引擎检测之间的关系

下面，让我们通过使用代码清单 9-8 中的代码来了解如何制作图 9-3 的示意图。

代码清单 9-8　使用 plot() 函数可视化数据

```
❶ import pandas
  from matplotlib import pyplot
  malware = ❷pandas.read_csv("malware_data.csv")
  pyplot.plot(❸malware['size'], ❹malware['positives'],
              ❺'bo', ❻alpha=0.1)
  pyplot.xscale(❼"log")
❽ pyplot.ylim([0,57])
  pyplot.xlabel("File size in bytes (log base-10)")
  pyplot.ylabel("Number of detections")
  pyplot.title("Number of Antivirus Detections Versus File Size")
❾ pyplot.show()
```

如你所见，绘制此图不需要太多代码，让我们来看看每一行代码的作用。首先，我们导入 ❶ 必要的库，如 pandas 和 matplotlib 库的 pyplot 模块。然后我们调用 read_csv 函数 ❷，如之前所介绍的那样，它将恶意软件数据集加载到 pandas DataFrame 对象中。

接下来调用 plot() 函数。函数的第一个参数是恶意软件的 size 数据 ❸，第二个参数是恶意软件的 positives 数据 ❹，也就是每个恶意软件样本被多少反病毒引擎检出的数量。这些参数确定了 matplotlib 绘图所需的数据，其中第一个参数表示要在 X 轴上显示的数据，第二个参数表示要在 Y 轴上显示的数据。下一个参数 bo ❺，表示 matplotlib 用于显示数据的颜色和形状。最后，我们将 alpha，也就是圆的透明度，设置为 0.1 ❻，这样即使圆圈完全相互重叠，我们也可以看到数据在图的不同区域内的密集程度。

> 📌**注意**　bo 中的 b 代表蓝色，o 代表圆圈，bo 表示让 matplotlib 绘制蓝色圆圈来显示我们的数据。你可以尝试的其他颜色还有绿色（g）、红色（r）、青色（c）、品红（m）、黄色（y）、黑色（k）和白色（w），形状则包括点（.）、像素（,）、正方形（s）和五边形（p）。完整的详细信息，请参阅 http://matplotlib.org 上的 matplotlib 文档。

在调用 plot() 函数之后，我们将 X 轴设置为指数坐标 ❼。这意味着我们将用以 10 为底的指数为单位查看恶意软件的大小数据，从而更容易查看非常小和非常大的文件之间的关系。

现在我们已经绘制了数据图，给坐标轴加上了标签，并给图命名。X轴表示恶意软件的文件大小（"File size in bytes (log base-10)"），Y轴表示恶意软件的检出次数（"Number of detections"）。因为我们分析了57个反病毒引擎，我们将Y轴表示的范围设置为0到57 ❽，最后，我们调用show()函数 ❾ 来显示这个图。如果我们想将这个示意图保存成一个图片文件，可以改用pyplot.savefig("myplot.png")函数来实现。

以上已经完成了一个初步的例子，接下来让我们继续下一个示例。

9.3.2 绘制勒索软件检出率

这一节，我们将尝试再现本章开头展示的勒索软件检出图（图9-1）。代码清单9-9给出了绘制勒索软件在不同时间段内被检出次数的示意图的完整代码。

代码清单9-9 绘制勒索软件在不同时间段内被检出次数的示意图的代码

```
import dateutil
import pandas
from matplotlib import pyplot

malware = pandas.read_csv("malware_data.csv")
malware['fs_date'] = [dateutil.parser.parse(d) for d in malware['fs_bucket']]
ransomware = malware[malware['type'] == 'ransomware']
pyplot.plot(ransomware['fs_date'], ransomware['positives'], 'ro', alpha=0.05)
pyplot.title("Ransomware Detections Over Time")
pyplot.xlabel("Date")
pyplot.ylabel("Number of antivirus engine detections")
pyplot.show()
```

代码清单9-9中的一些代码与我在之前篇幅中介绍的内容相似，另一些是新的代码。接下来我们对这段代码进行逐行分析：

```
import dateutil
```

Python的dateutil软件包可以帮助你解析多种不同格式的日期数据。这里我们导入dateutil包来解析日期数据，从而便于可视化展示。

```
import pandas
from matplotlib import pyplot
```

我们同时也导入了pandas模块和matplotlib库的pyplot模块。

```
malware = pandas.read_csv("malware_data.csv")
malware['fs_date'] = [dateutil.parser.parse(d) for d in malware['fs_bucket']]
ransomware = malware[malware['type'] == 'ransomware']
```

这几行代码用来读取数据集，由于我们只对需要绘制的勒索软件数据感兴趣，所以在之后创建了一个名为 ransomware 的过滤数据集，用于只保存勒索软件类型的恶意软件样本。

```
pyplot.plot(ransomware['fs_date'], ransomware['positives'], 'ro', alpha=0.05)
pyplot.title("Ransomware Detections Over Time")
pyplot.xlabel("Date")
pyplot.ylabel("Number of antivirus engine detections")
pyplot.show()
```

这五行代码复用了代码清单 9-8 中的代码，用来确定图的数据内容、图的标题、X 轴和 Y 轴的坐标，并将所有内容呈现到屏幕上（如图 9-4 所示）。同样地，如果想将这个图保存到磁盘，只要将 pyplot.show() 函数替换为 pyplot.savefig("myplot.png") 即可。

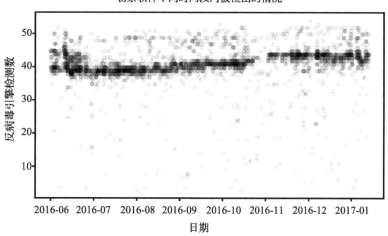

图 9-4　勒索软件不同时间段内被检出次数的示意图

下面让我们使用 plot() 函数再次尝试绘制一个示意图。

9.3.3　绘制勒索软件和蠕虫检测率

这一节，我们不仅仅绘制勒索软件在不同时间段内的被检出情况示意图，还要在同一图中绘制了蠕虫病毒的被检出情况。在图 9-5 中，我们可以清楚地看到，反病毒企业在检测蠕虫病毒（一种较为古老的恶意软件）方面比检测勒索软件（一种较为新型的恶意软件）方面做得更好。

　　在这个图中，我们可以看到在不同的时间段内（X 轴），有多少反病毒引擎检测出了恶意软件样本（Y 轴）。每个红点表示一个勒索软件（type="ransomware"）样本，而每个蓝点则表示一个蠕虫病毒（type="worm"）样本。可以看到，蠕虫病毒的反病毒引擎平均检出率要比勒索软件更高。但是，随着时间的推移，能同时检测出这两个样本的引擎数量在一直缓慢上升。

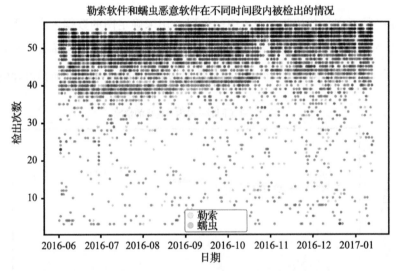

图 9-5　勒索软件和蠕虫恶意软件在不同时间段内被检出次数的示意图

代码清单 9-10 中展示了绘制这幅图的代码。

代码清单 9-10　绘制勒索软件和蠕虫病毒在不同时间段内检出率的代码

```
import dateutil
import pandas
from matplotlib import pyplot

malware = pandas.read_csv("malware_data.csv")
malware['fs_date'] = [dateutil.parser.parse(d) for d in malware['fs_bucket']]

ransomware = malware[malware['type'] == 'ransomware']
worms = malware[malware['type'] == 'worm']
```

```
pyplot.plot(ransomware['fs_date'], ransomware['positives'],
            'ro', label="Ransomware", markersize=3, alpha=0.05)
pyplot.plot(worms['fs_date'], worms['positives'],
            'bo', label="Worm", markersize=3, alpha=0.05)
pyplot.legend(framealpha=1, markerscale=3.0)
pyplot.xlabel("Date")
pyplot.ylabel("Number of detections")
pyplot.ylim([0, 57])
pyplot.title("Ransomware and Worm Vendor Detections Over Time")
pyplot.show()
```

让我们来看看代码清单 9-10 中第一部分的代码：

```
import dateutil
import pandas
from matplotlib import pyplot

malware = pandas.read_csv("malware_data.csv")
malware['fs_date'] = [dateutil.parser.parse(d) for d in malware['fs_bucket']]

ransomware = malware[malware['type'] == 'ransomware']
❶ worms = malware[malware['type'] == "worm"]
--snip--
```

这段代码与前述示例代码类似，到目前为止的不同在于，我们把之前用在创建勒索软件过滤数据的方法用在了创建蠕虫软件的过滤数据上 ❶。现在让我们看看其余代码：

```
--snip--
❶ pyplot.plot(ransomware['fs_date'], ransomware['positives'],
              'ro', label="Ransomware", markersize=3, alpha=0.05)
❷ pyplot.plot(worms['fs_bucket'], worms['positives'],
              'bo', label="Worm", markersize=3, alpha=0.05)
❸ pyplot.legend(framealpha=1, markerscale=3.0)
pyplot.xlabel("Date")
pyplot.ylabel("Number of detections")
pyplot.ylim([0,57])
pyplot.title("Ransomware and Worm Vendor Detections Over Time")
pyplot.show()
pyplot.gcf().clf()
```

这段代码与代码清单 9-9 中代码之间的主要区别是 plot() 函数被调用了两次：一次使用 ro 选择器 ❶ 创建用于表示勒索软件数据的红色圆圈，另一次使用 bo 选择器 ❷ 创建用于表示蠕虫病毒数据的蓝色圆圈。请注意，如果要绘制第三个数据集，也可以用同样的方式来完成。此外，与代码清单 9-9 不同的是，这里还创建了一个图例 ❸，用于说明蓝色标记表示蠕虫病毒，红色标记表示勒索软件。参数 framealpha 用于设置图例背景的透明度（通过将其设置为 1 使图例完全不透明），参数 markerscale 用于设置图例中标记的缩放比例（在本例中，该值设为 3，使得图例中的标记放大了三倍）。

在这一部分的内容里，你已经学会了如何使用 matplotlib 制作一些简单的图。但显然这些图形不是很美观。在下一节中，我们将介绍另一个绘图库，它可以让我们的绘图看起来更专业，并帮助我们快速实现更复杂的可视化示意图。

9.4　使用 seaborn 可视化数据

目前我们已经讨论了 pandas 和 matplotlib 的使用，现在继续讨论 seaborn。seaborn 实际上是一个构建在 matplotlib 之上的可视化库，但是外包了一层完善的封装。它包括了一些内置的主题和预制的高级函数来完成图形的样式制作，从而节省了进行更复杂分析的时间。这些功能使得制作精致、美观的图变得简单容易。

为了更好地探讨 seaborn，我们首先制作一个柱状图，表示在数据集中每种不同类型恶意软件的样本数量（如图 9-6 所示）。

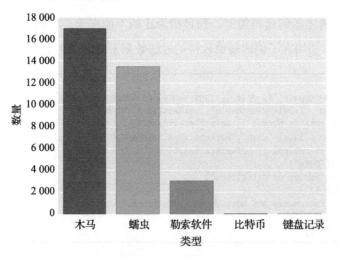

图 9-6　本章数据集中不同类型恶意软件的柱状图

代码清单 9-11 展示了绘制这个图所用的代码。

代码清单 9-11　创建不同类型恶意软件数量的柱状图

```
import pandas
from matplotlib import pyplot
```

```
import seaborn

❶ malware = pandas.read_csv("malware_data.csv")
❷ seaborn.countplot(x='type', data=malware)
❸ pyplot.show()
```

在这段代码中，我们首先从 pandas.read_csv ❶ 中读取数据，然后使用 seaborn 的 countplot 函数绘制 DataFrame 对象中 type 列数据的柱状图 ❷。最后，通过调用 pyplot 的 show() 函数来完成这个图的显示 ❸。回顾一下，seaborn 是对 matplotlib 的封装，这意味着我们是借助 matplotlib 来实现 seaborn 的图形显示。接下来我们来看一个更复杂的绘图示例。

9.4.1　绘制反病毒引擎检出的分布图

绘制接下来这幅图有个前提：假设我们想要了解反病毒引擎对于我们数据集中恶意软件样本的检出分布（频率），进而了解被大多数反病毒引擎所漏报的恶意软件百分比，以及被大多数引擎所检出的恶意软件百分比。这些信息给我们提供了一个了解商业反病毒引擎有效性的视角。我们可以通过绘制柱状图（直方图）来完成这个分析目标，即对于每个检出数量，这个柱状图给出了对应该检出数量的恶意软件样本比例，具体情况如图 9-7 所示。

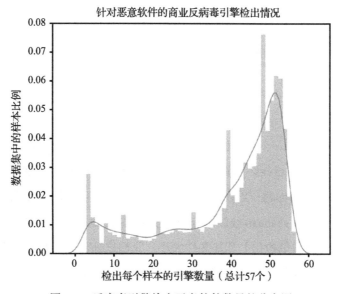

图 9-7　反病毒引擎检出恶意软件数量的分布图

该图的 X 轴表示的是不同类型的恶意软件样本，按照总共 57 个反病毒引擎中能检出其的引擎数量进行排序。如果一个样本被 57 个引擎中的 50 个引擎检测为恶意，那么它被置于横坐标为 50 的类别，如果它只被 57 个引擎中的 10 个引擎检测到，那么它就属于横坐标为 10 的这个类别。每条立柱的高度与该类别中的总样本数量成正比。

该图清楚地表明，我们的 57 个反病毒引擎中的大多数都检测到了许多恶意软件样本（如图最右上区域的频率大幅度增加所示），但也有一小部分样本是由少数引擎检测到的（如图最左侧区域所示）。图中并没有显示出被少于五个引擎所检出的样本，这与我们构建数据集的方法有关系，因为我们把恶意软件定义为被五个或更多反病毒引擎检出的样本。这个图形结果显示，大量样本仅被 5 到 30 个反病毒引擎检出，表明不同的检测引擎在恶意软件检测上仍然存在明显的分歧。一个样本被 57 个引擎中的 10 个检测为恶意软件，或者表明 47 个引擎未能检测到它，或者就是那 10 个引擎出现了问题，把一个正常的文件误报为恶意软件。后一种可能性是不太可能的，因为反病毒厂商的产品具有非常低的误报率：所以大多数引擎漏报这些样本的可能性更大。

绘制此图只需要几行绘图代码即可，如代码清单 9-12 所示。

代码清单 9-12　绘制恶意软件检出数量的分布图

```
import pandas
import seaborn
from matplotlib import pyplot
malware = pandas.read_csv("malware_data.csv")
❶ axis = seaborn.distplot(malware['positives'])
❷ axis.set(xlabel="Number of engines detecting each sample (out of 57)",
          ylabel="Amount of samples in the dataset",
          title="Commercial Antivirus Detections for Malware")
pyplot.show()
```

seaborn 软件包内置一个用于创建分布图（直方图）的函数，我们只需要将想要展示的数据（malware ['positives'] ❶ 中的数据）传入 distplot 函数。然后使用 seaborn 返回的 axis 对象来配置图标题、X 轴标签和 Y 轴标签，以说明绘图内容 ❷。

现在我们尝试使用 seaborn 绘制带有两个变量的图：恶意软件被检测出的数量（被 5 个或 5 个以上反病毒引擎检出）及其文件大小。我们之前已经使用 matplotlib 在图 9-3 中创建了此图，但是我们可以用 seaborn 的 jointplot 函数获得一个更有吸引力且信息更丰富的结果。如图 9-8 所示，绘制结果提供了丰富的信息，但是首先我们需要花费一些精力去理解这个图，因此让我们来看看这个图形。

这个图类似于我们在图 9-7 中所做的直方图，但是它并没有通过立柱的高度来显示单个变量的分布，而是通过颜色强度来体现了两个变量的分布（X 轴的恶意软件文件大小和 Y 轴的被检出数量）。一个区域的颜色越深，代表这个区域的数据就越多。例如，从图中我们可以看出这些恶意软件的文件大小通常约为 $10^{5.5}$ 字节，其被检出的数量通常约为 53 个。主图顶部和右侧的子图显示了文件大小和检出数量的频率的平滑版本，它显示出了样本被检出数量（正如前图中所示）和文件大小的分布情况。

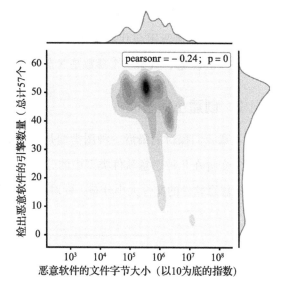

图 9-8　恶意软件文件大小与被检出数量的联合分布图

图中最有意思的部分是图的中心部分，因为它显示了文件大小与检出数量之间的关系。与使用 matplotlib 绘制图 9-3 来显示单个数据点不同的是，它以一种更加清晰的方式显示了总体趋势。从图中可以看出，非常大的恶意软件文件（10^6 字节或更大）通常不太容易被反病毒引擎检测到。这告诉我们，我们可能需要定制一个专门用于检测此类恶意软件的解决方案。

创建这个图只需要调用一次 seaborn 的绘图函数，如代码清单 9-13 所示。

代码清单 9-13　恶意软件文件大小与被检出数量联合分布图的绘制代码

```
import pandas
import seaborn
import numpy
from matplotlib import pyplot

malware = pandas.read_csv("malware_data.csv")
❶ axis=seaborn.jointplot(x=numpy.log10(malware['size']),
                         y=malware['positives'],
                         kind="kde")
❷ axis.set_axis_labels("Bytes in malware file (log base-10)",
                       "Number of engines detecting malware (out of 57)")
pyplot.show()
```

在这里，我们使用 seaborn 的 jointplot 函数创建 DataFrame 对象中 positivies 和 size 两列数据的联合分布图 ❶。另外，有点令人困惑的是，对于 seaborn 的 jointplot 函数，我们必须调用与代码清单 9-11 中不同的函数来设置我们的坐标轴：set_axis_labels() 函数 ❷，其第一个参数是 X 轴标签，第二个参数是 Y 轴标签。

9.4.2 创建小提琴图

本章我们探讨的最后一种图类型是 seaborn 的小提琴图。这个图让我们能巧妙地探讨指定变量在几种恶意软件类型中的分布情况。例如，假设我们现在想研究数据集中每种类型恶意软件的文件大小分布。针对这一需求，可以创建如图 9-9 所示的图。

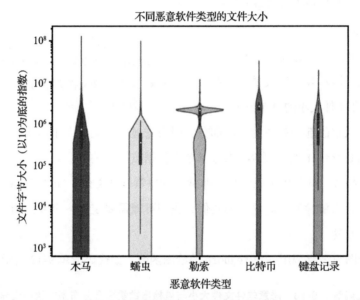

图 9-9　按恶意软件类型显示文件大小

这个图的 Y 轴代表文件大小，用以 10 为底的指数坐标表示。在图中的 X 轴上，我们罗列了每一种恶意软件类型。如你所见，每一种文件类型的立柱粗细在不同的文件大小级别上有所不同，立柱粗细表示该类恶意软件中具有这个文件大小的样本数量。例如，你可以看到存在大量非常大的勒索软件文件，而蠕虫病毒往往具有较小的文件大小——可能是因为蠕虫病毒的目标是在网络上快速传播，因此蠕虫作者倾向于最小化其文件大小。了解这些模式可能有助于我们更好地对未知文件进行分类（更大的文件更有可能是勒索软件，而不太可能是蠕虫病毒），或者教会我们在针对特定类型恶意软件的防御工具中应该关注哪些文件大小。

绘制小提琴图只需要调用一个绘图函数，如代码清单 9-14 所示。

代码清单 9-14　创建小提琴图

```
import pandas
import seaborn
from matplotlib import pyplot

malware = pandas.read_csv("malware_data.csv")

❶ axis = seaborn.violinplot(x=malware['type'], y=malware['size'])
❷ axis.set(xlabel="Malware type", ylabel="File size in bytes (log base-10)",
          title="File Sizes by Malware Type", yscale="log")
❸ pyplot.show()
```

在代码清单 9-14 中，我们首先创建了小提琴图 ❶。接下来我们告诉 seaborn 设置坐标轴标签和标题，以及设置轴 Y 轴为指数坐标 ❷。最后，将图形显示出来 ❸。我们也可以做一个类似的图表来展示每种类型恶意软件的检出数量，如图 9-10 所示。

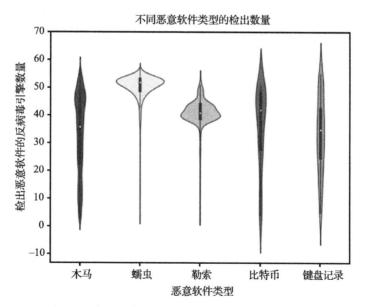

图 9-10　每种恶意软件的反病毒引擎检出数量示意图

图 9-9 和图 9-10 之间的唯一区别是，我们不是查看 Y 轴上的文件大小，而是查看

文件被检出恶意软件的次数。这个结果显示了一些有意思的趋势。例如，勒索软件几乎总是被超过 30 个扫描器检测到。相比之下，比特币、木马、键盘记录器等类型的恶意软件，在大部分时间里仅能被不到 30 个反病毒引擎所检出，这意味着更多这些类型的恶意软件在绕过安全行业的防御（那些没有安装用于检测这些恶意软件的扫描器的电脑，可能会被这些样本感染）。代码清单 9-15 展示了用于创建图 9-10 的代码。

代码清单 9-15　每种恶意软件的反病毒引擎检出数量示意图的绘制代码

```
import pandas
import seaborn
from matplotlib import pyplot

malware = pandas.read_csv("malware_data.csv")

axis = seaborn.violinplot(x=malware['type'], y=malware['positives'])
axis.set(xlabel="Malware type", ylabel="Number of vendor detections",
         title="Number of Detections by Malware Type")
pyplot.show()
```

这段代码与前面代码的区别包括：我们将不同的数据（malware['positives'] 而不是 malware['size']）传入了 violinplot 函数、坐标轴的标签不同了、标题的设置不同了，并且 Y 轴没有使用以 10 为底的指数坐标。

9.5　小结

在本章中，你学习了如何可视化恶意软件的数据让你对趋势性威胁和安全工具功效进行宏观洞察。你使用了 pandas、matplotlib 和 seaborn 来创建自己的可视化视图，并深入了解了样本数据集。

你还学习了如何使用 pandas 中 describe() 等方法来显示有用的统计信息，以及如何提取数据集的子集。然后，你使用这些数据子集创建自己的可视化示意图，以评价反病毒引擎检出情况的改进，分析趋势性的恶意软件类型，以及回答其他更广泛的问题。

这些强大的工具可以将你拥有的安全数据转换为可用的情报，从而为新工具和技术的开发提供信息。我希望你能学习更多关于数据可视化的知识，并将它们纳入到你的恶意软件和安全分析工作中。

第 10 章

深度学习基础

深度学习作为机器学习的一个分支，由于处理能力的提高和深度学习技术的进步，在过去几年里发展迅速。通常来说，深度学习指的是深度的或多层的神经网络，它们擅长执行非常复杂的、历史上通常以人为中心的任务，比如图像识别和语言翻译。

例如，对于计算机程序来说，检测一个文件是否包含你以前检测过的恶意代码的精确副本很简单，而且不需要先进的机器学习算法。但是，检测一个文件是否包含与你之前检测过的恶意代码有点类似的恶意代码是一项复杂得多的任务。传统的基于特征的检测方案是僵化的，在从未检测过的或混淆过的恶意软件检测上表现不佳，而深度学习模型可以看穿表面的变化，并识别出使样本具有恶意性的本质特征。同样地，在网络活动、行为分析和其他相关领域也是如此。这种在大量噪音中分辨有用特征的能力，使得深度学习成为网络安全应用中一个强有力的工具。

深度学习是机器学习的一个分支（第 6 章和第 7 章已概要地介绍了机器学习）。它的模型精确度往往比我们前几章讨论的方法更佳，这就是为什么在过去五年左右的时间里，整个机器学习领域都很重视深度学习。如果你对安全数据科学的前沿工作感兴趣，那么学习如何使用深度学习是必要的。然而，需要注意的是：深度学习比我们在本书早期讨论的机器学习方法更难理解，而且需要投入一些时间和高中水平的微积分才能完全理解。你将发现，你在理解它上投入的时间将为你的安全数据科学工作带来回报，因为它能帮助你构建更精确的机器学习系统。因此，我们强烈推荐你仔细阅读这一章，并努力理解，直至完全掌握！让我们开始吧。

10.1　深度学习的定义

深度学习模型学习将训练数据看作是概念的嵌套层次结构，这允许它们表示非常复杂的模式。也就是说，这些模型不仅考虑了你提供给它们的本原特征，而且自动地将这些特征组合成新的、优化的元特征，然后模型组合这些元特征来形成更多的特征。

"深度"也指用于完成此任务的体系结构，它通常由多层处理单元组成，每层处理单元使用前一层的输出作为其输入。这些处理单元中的每一个都被称为神经元，模型结构作为一个整体被称为神经网络，或者当有许多层时被称为深度神经网络。

为了理解这种架构是如何发挥作用的，让我们考虑一个程序，它尝试将图像分类为自行车或独轮车。对于人类来说，这是一项简单的任务，但是编写计算机程序来查看像素网格并识别它代表哪个对象是相当困难的。假设一幅图像中存在一辆独轮车，如果这辆独轮车进行了轻微地移动，或者以不同的角度进行放置，或者涂上了不同的颜色，那么这幅图像中显示独轮车存在的这些像素在下一幅图像中就将意味着完全不同的像素。

深度学习模型通过将问题分解成更容易处理的部分来克服这个问题。例如，一个深度神经网络的第一层神经元可能首先将图像分解成多个部分，然后只识别低层视觉特征，比如图像中形状的边缘和边框。这些创建的特征被输入到网络的下一层，以寻找特征中的模式。然后，这些模式被输入到后续的层中，直到网络识别出一般的形状，最终完整地识别出对象。在我们的独轮车示例中，第一层可能会找到线条，第二层可能会看到组成圆圈的线条，第三层可能会识别出某些圆圈实际上是车轮。通过这种方式，模型可以看到每幅图像都有一定数量的"车轮"元特征，而不用查看大量像素。例如，它能够学会两个轮子的可能表示一辆自行车，而一个轮子的表示一辆独轮车。

在这一章中，我们将重点讨论神经网络在数学和结构上是如何工作的。首先，我会用一个非常基本的神经网络作为例子来解释一个神经元到底是什么以及它是如何与其他神经元连接起来构建一个神经网络的。其次，我会描述用于训练这些网络的数学过程。最后，我会描述一些流行的神经网络类型、它们的特殊之处，以及它们擅长什么。这将为第 11 章做好准备，在第 11 章中你将使用 Python 实际创建深度学习模型。

10.2 神经网络是如何工作的

机器学习模型只是一个大型数学函数。例如，我们获取输入数据（如用一系列数字表示的 HTML 文件），应用机器学习功能（如神经网络），然后得到一个输出，这个输出告诉了我们 HTML 文件的恶意程度。每一个机器学习模型都只是一个包含可调参数的函数，这些参数在模型训练过程中都将得到优化。

但是一个深度学习函数实际是如何工作的呢？它看起来是什么样的呢？神经网络，顾名思义，就是由许多神经元组成的网络。所以，在我们理解神经网络如何工作之前，我们首先需要知道什么是神经元。

10.2.1 神经元剖析

神经元本身只是一种小而简单的函数。图 10-1 显示了单个神经元的形式。

你可以看到输入数据从左侧输入，而一个输出数字从右侧输出（尽管某些类型的神经元会产生多个输出）。输出

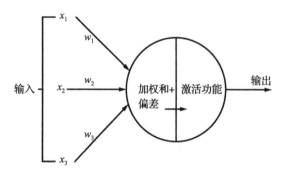

图 10-1 单个神经元示意图

值是神经元的输入数据和一些参数（在训练过程中进行优化）的函数。在每个神经元内部，将输入数据转换为输出有两个步骤。

首先，计算神经元输入的加权和。在图 10-1 中，每个进入神经元的输入数字 x_i，都乘以一个对应的权重值 w_i。将所得到的值相加（产生一个加权和），并向其添加一个偏差值。偏差值和权重值就是神经元在训练过程中为优化模型而需要修改的参数。

其次，激活函数将应用于加权和加偏差值。加权和是神经元输入数据的线性变换，激活函数的目的是对加权和进行非线性变换。有许多常见的激活函数类型，并且它们往往非常简单。激活函数的唯一要求是它是可微分的，这使我们能够使用反向传播来优化参数（我们将在 10.3 节中简要讨论这个过程）。

表 10-1 显示了各种常见的激活函数，并解释了在不同用途下使用哪种函数效果更好。

表 10-1　常用的激活函数

名称	图形	方程	描述
Identity		$f(x) = x$	基本上没有激活功能！
ReLU		$f(x) = \begin{cases} 0, & x < 0 \\ x, & x \geqslant 0 \end{cases}$	即 $\max(0, x)$ 函数。与其他功能（如 sigmoid）相比，ReLU 可以实现快速学习，并且对消失的梯度问题（本章后面将会介绍）更具弹性。
Leaky ReLU		$f(x) = \begin{cases} \alpha x, & x < 0 \\ x, & x \geqslant 0 \end{cases}$	像普通的 ReLU 一样，但不是 0，而是返回一小部分 x。通常你选择的 α 非常小，比如 0.01，此外，α 在训练期间保持固定。
PReLU		$f(x) = \begin{cases} \alpha x, & x < 0 \\ x, & x \geqslant 0 \end{cases}$	像 Leaky ReLU 一样，但在 PReLU 中，α 是一个在训练过程中优化其值的参数，此外还有标准重量和偏差参数。
ELU		$f(x) = \begin{cases} \alpha(e^x - 1), & x < 0 \\ x, & x \geqslant 0 \end{cases}$	像 PReLU 一样，α 是一个参数，但是当 $x<0$ 时，不是以 α 的斜率无限下降，而是以 α 为边界，因为当 $x<0$ 时，e^x 总是在 0 和 1 之间。

（续）

名称	图形	方程	描述
Step		$f(x) = \begin{cases} 0, & x < 0 \\ 1, & x \geqslant 0 \end{cases}$	只是一个阶跃函数：除非 $x \geqslant 0$，否则函数返回 0，在这种情况下函数返回 1。
Gaussian		$f(x) = e^{-x^2}$	钟形曲线，当 $x=0$ 时，其最大值为 1。
Sigmoid		$f(x) = \dfrac{e^x}{e^x + 1}$	由于消失的梯度问题（本章稍后将对此进行解释），Sigmoid 激活函数通常仅用于神经网络的最后一层。由于输出是连续的并且在 0 和 1 之间，因此 Sigmoid 神经元是输出概率的良好代理。
Softmax	（多输出）	$f(x) = \dfrac{e^{x_i}}{\sum\limits_{k=1}^{k=K} e^{x_k}}$, $i = 1, 2, \cdots, K$	输出总和为 1 的多个值。Softmax 激活函数通常用于网络的最终层以表示分类概率，因为 Softmax 强制来自神经元的所有输出总和为 1。

修正线性单元[⊖]（ReLU）是目前最常用的激活函数，即简单的 max(0, s)。例如，假设你的加权和加偏差值为 s。如果 s 大于零，那么你的神经元的输出是 s，如果 s 小于或等于 0，那么你的神经元的输出是 0。你可以将 ReLU 神经元的整个函数简单地表示为 max（0，输入的加权和 + 偏差），或者更具体地说，对于 n 个输入的情况如下所示：

$$\max \left(0, \sum_{i=1}^{n} w_i * x_i + b \right)$$

⊖ 一些文献也称其为线性整流函数。——译者注

非线性激活函数实际上是这类神经元网络能够近似任何连续函数的一个关键原因，这也是它们如此强大的一个重要原因。在接下来的内容里，你将看到神经元是如何连接在一起形成网络的，同时你也将理解为什么非线性激活函数如此重要。

10.2.2 神经元网络

要创建一个神经网络，你需要在一个多层的有向图（一个网络）中排列神经元，连接起来形成一个更大的函数。图 10-2 显示了一个小型神经网络的例子。

在图 10-2 的左侧，我们有原始的输入：x_1、x_2 和 x_3。这些 x_i 值的副本沿着连接线发送到隐藏层（该层神经元的输出不是模型最终输出）中的每个神经元，生成三个输出值，其中每个神经元输出一个值。最终，这三个神经元的每个输出会发送到一个最终的神经元，这个神经元输出神经网络的最终结果。

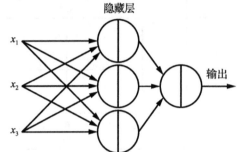

图 10-2　一个小型的四神经元神经网络的例子，其中数据通过连接线从一个神经元传递到另一个神经元

神经网络中的每一个连接都会关联一个权重参数 w，并且每个神经元还包含一个偏差参数 b（加到加权和中）。因此，一个基本神经网络中可优化参数的总数是将输入连接到神经元的边数加上神经元的数量。例如，在图 10-2 所示的网络中，共有 4 个神经元，加上 12 条边，总共产生 16 个可优化参数。因为这只是一个例子，我们使用的是一个非常小型的神经网络——真正的神经网络通常有成千上万个神经元和数百万条连接线。

10.2.3 通用近似定理

神经网络的一个显著特点是它们是通用近似器：给定足够的神经元、适当的权重和偏差值，神经网络基本上可以模拟任何类型的行为。图 10-2 所示的神经网络是前馈的，这意味着数据总是前向流动的（在图像中从左到右）。

通用近似定理更正式地描述了通用性的概念。它指出具有单层神经元隐藏层和非线性激活函数的前馈网络可以在一个 $\mathbf{R}^n$①空间的紧凑子集中近似（具有任意小的误差）任何

---

① $\mathbf{R}^n$ 可被认为是 n 维欧几里得空间，其中所有数字都是实数。例如，$\mathbf{R}^2$ 表示长度为 2 的所有可能的实数元组，如（3.5，–5）。——译者注

连续函数。虽然这个描述有些拗口,但它只是意味着有了足够的神经元,一个神经网络可以非常接近地近似任意连续、有界且输入和输出数量都有限的函数。

也就是说,这个定理表明不管我们想要近似的函数是什么,理论上有一些具有正确参数的神经网络可以实现这个目的。例如,如果你画一个弯曲、连续的函数,$f(x)$,如图 10-3 所示,存在一些神经网络,不管函数 $f(x)$ 有多么复杂,对于每一个可能的输入 x,有 $f(x) \approx \text{network}(x)$。这就是神经网络如此强大的原因之一。

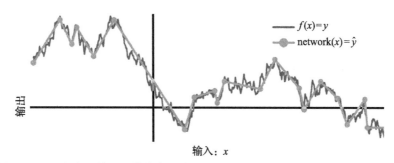

图 10-3　一个小型神经网络如何近似一个流行函数的例子。随着神经元数目的增长,y 和 $\hat{y}$ 之间的差值将接近 0

在下一节中,我们将手工构建一个简单的神经网络,以帮助你理解怎么样以及为什么我们可以在给定正确参数的情况下对这些不同类型的行为进行建模。虽然我们在很小的范围内只使用了单个输入和输出完成了这项工作,但是在你处理多输入和多输出以及非常复杂的行为时,这样的原则也同样适用。

10.2.4　构建自己的神经网络

为了在实践中理解这种通用性,让我们试着构建我们自己的神经网络。我们从两个修正线性单元(ReLU)神经元开始,如图 10-4 所示,使用一个输入 x。然后,我们来看如何使用不同的权重和偏差值(参数)来模拟不同的函数和结果。

这里,两个神经元的权重值都是1,并且都使用 ReLU 激活函数。两者

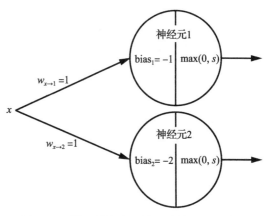

图 10-4　输入数据为 x 的两个神经元示意图

唯一的区别是神经元 1 应用的偏差值为 –1，而神经元 2 应用的偏差值为 –2。让我们看看
当我们给神经元 1 输入几个不同的 x 值时会发生什么。表 10-2 对相关的结果进行了总结。

表 10-2　神经元 1

输入 x	加权和 $x * w_{x \to 1}$	加权和 + 偏差 $(x * w_{x \to 1}) + \text{bias}_1$	输出 $\max(0, x * w_{x \to 1} + \text{bias}_1)$
0	0 * 1 = 0	0 + –1 = –1	max(0, –1) = 0
1	1 * 1 = 1	1 + –1 = 0	max(0, 0) = 0
2	2 * 1 = 2	2 + –1 = 1	max(0, 1) = 1
3	3 * 1 = 3	3 + –1 = 2	max(0, 2) = 2
4	4 * 1 = 4	4 + –1 = 3	max(0, 3) = 3
5	5 * 1 = 5	5 + –1 = 4	max(0, 4) = 4

第一列显示 x 的一些输入示例，第二列显示了加权和的结果。第三列添加了偏差值
参数，第四列应用 ReLU 激活函数得到了给定输入 x 时神经元的输出结果。图 10-5 显示
了神经元 1 函数的图像。

如图 10-5 所示，因为神经元 1 的偏差值为 –1，所以直到加权和大于 1 之前，神经
元 1 的输出值会一直保持在 0，然后它
才以一定的斜率上升。函数曲线的斜率
值 1 与权重值 $w_{x \to 1}$ 等于 1 有关。思考
一下权重为 2 时会发生什么：因为加权
和的值会翻倍，图 10-5 中的折角会出
现在 $x = 0.5$ 处而不是 $x = 1$ 处，直线的
斜率也由此会上升到 2 而不是 1。

现在让我们看看神经元 2，它的偏
差值为 –2（见表 10-3）。

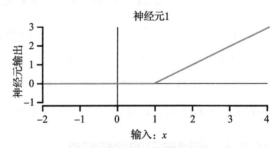

图 10-5　神经元 1 的函数示意图，x 轴表示神经
元的单个输入值，y 轴表示神经元的输
出值

表 10-3　神经元 2

输入 x	加权和 $x * w_{x \to 2}$	加权和 + 偏差 $(x * w_{x \to 2}) + \text{bias}_2$	输出 $\max(0, (x * w_{x \to 2}) + \text{bias}_2)$
0	0 * 1 = 0	0 + –2 = –2	max(0, –2) = 0
1	1 * 1 = 1	1 + –2 = –1	max(0, –1) = 0
2	2 * 1 = 2	2 + –2 = 0	max(0, 0) = 0
3	3 * 1 = 3	3 + –2 = 1	max(0, 1) = 1

（续）

输入 x	加权和 $x * w_{x \to 2}$	加权和 + 偏差 $(x * w_{x \to 2}) + bias_2$	输出 $\max(0, (x * w_{x \to 2}) + bias_2)$
4	$4 * 1 = 4$	$4 + {-2} = 2$	$\max(0, 2) = 2$
5	$5 * 1 = 5$	$5 + {-2} = 3$	$\max(0, 3) = 3$

由于神经元 2 的偏差值为 –2，所以图 10-6 中的折角出现在 $x = 2$ 处而不是 $x = 1$ 处。

现在我们已经建立了两个非常简单的函数（神经元），它们在一个设定的周期内没有任何变化，然后以斜率为 1 的直线无限上升。因为我们使用的是 ReLU 神经元，每个神经元函数的斜率受其权重值影响，而其偏差和权重项同时影响斜线的起始点。当你使用其他激活函数时，类似的规则也

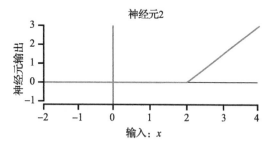

图 10-6　神经元 2 的函数示意图

适用。通过调整参数，我们可以根据需要来改变每个神经元函数的折角位置和斜率大小。

然而，为了实现通用性，我们需要将神经元结合在一起，这将允许我们近似更复杂的函数。让我们将两个神经元连接到第三个神经元，就如图 10-7 所示。这将创建一个具有由神经元 1 和神经元 2 组成的单隐藏层的小型三神经元网络。

在图 10-7 中，输入数据 x 同时发送到神经元 1 和神经元 2。然后，神经元 1 和神经元 2 的输出作为输入发送给神经元 3，神经元 3 生成网络的最终输出。

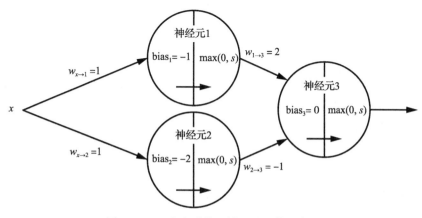

图 10-7　一个小型的三神经元网络示意图

如果查看图 10-7 中的权重项，你会注意到权重 $w_{1\to3}$ 的值为 2，使神经元 1 对神经元 3 的贡献加倍。同时，$w_{2\to3}$ 的值是 -1，倒转了神经元 2 的贡献。实质上，神经元 3 相当于对（神经元 1）* 2 -（神经元 2）的结果应用了激活函数。表 10-4 对网络的输入和相应的输出进行了总结。

表 10-4   三神经元网络

原始网络输入	神经元 3 的输入		加权和	加权和 + 偏差	网络最终输出
x	神经元 1	神经元 2	（神经元 1 * $w_{1\to3}$）+（神经元 2 * $w_{2\to3}$）	（神经元 1 * $w_{1\to3}$）+（神经元 2 * $w_{2\to3}$）+ bias$_3$	max(0,（神经元 1 * $w_{1\to3}$）+（神经元 2 * $w_{2\to3}$）+ bias$_3$)
0	0	0	$(0*2)+(0*-1)=0$	$0+0+0=0$	max(0, 0) = 0
1	0	0	$(0*2)+(0*-1)=0$	$0+0+0=0$	max(0, 0) = 0
2	1	0	$(1*2)+(0*-1)=2$	$2+0+0=2$	max(0, 2) = 2
3	2	1	$(2*2)+(1*-1)=3$	$4+-1+0=3$	max(0, 3) = 3
4	3	2	$(3*2)+(2*-1)=4$	$6+-2+0=4$	max(0, 4) = 4
5	4	3	$(4*2)+(3*-1)=5$	$8+-3+0=5$	max(0, 5) = 5

第一列显示原始网络输入 x，然后是神经元 1 和神经元 2 的输出结果。其余列显示了神经元 3 如何处理输出：计算加权和，添加偏差值，并在最后一列中应用 ReLU 神经元激活函数来获得每个原始输入值 x 对应的神经元及网络输出结果。图 10-8 显示了网络的函数图。

我们可以看到，如图 10-8 所示，通过这些简单函数的组合，我们可以创建一个图，它可以在任意时间段内，在不同的点上以任意斜率上升。也就是说，我们向能够用输入 x 表示任何有限函数更靠近了！

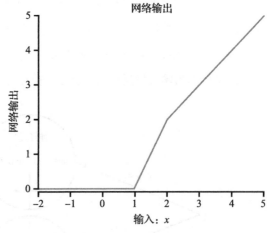

图 10-8   网络输入和相关输出示意图

10.2.5   向网络中添加一个新的神经元

我们已经看到了如何通过添加神经元使网络函数图像上升（以任意斜率），但是如何使图像下降呢？让我们将一个新的神经元（神经元 4）添加到网络中，如图 10-9 所示。

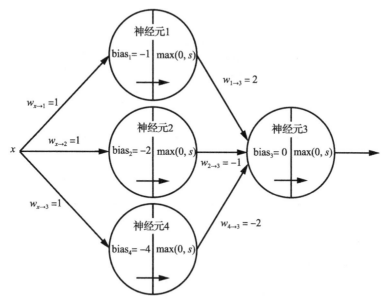

图 10-9　具有单隐藏层的小型四神经元网络示意图

在图 10-9 中，输入数据 x 被发送到神经元 1、神经元 2 和神经元 4。然后将它们的输出结果输入到神经元 3，从而产生网络的最终输出。神经元 4 与神经元 1 和神经元 2 相同，但其偏差值设置为 –4。表 10-5 总结了神经元 4 的输出。

表 10-5　神经元 4

输入	加权和	加权和 + 偏差	输出
x	$x * w_{x\to4}$	$(x * w_{x\to4})$ + bias$_4$	max$(0, (x * w_{x\to4})$ + bias$_4)$
0	$0 * 1 = 0$	$0 + -4 = -4$	max$(0, -4) = 0$
1	$1 * 1 = 1$	$1 + -4 = -3$	max$(0, -3) = 0$
2	$2 * 1 = 2$	$2 + -4 = -2$	max$(0, -2) = 0$
3	$3 * 1 = 3$	$3 + -4 = -1$	max$(0, -1) = 0$
4	$4 * 1 = 4$	$4 + -4 = 0$	max$(0, 0) = 0$
5	$5 * 1 = 5$	$5 + -4 = 1$	max$(0, 1) = 1$

为了使我们网络的图像下降，我们通过将神经元 4 连接到神经元 3 的权重值设置为 –2，使神经元 3 加权和中神经元 1 与神经元 2 的函数值减去神经元 4 的函数值。表 10-6 显示了整个网络的新输出。

表 10-6 四神经元网络

原始网络输入	神经元 3 的输入			加权和	加权和 + 偏差	网络最终输出
x	神经元 1	神经元 2	神经元 4	（神经元 1 * $w_{1 \to 3}$）+ （神经元 2 * $w_{2 \to 3}$）+ （神经元 4 * $w_{4 \to 3}$）	（神经元 1 * $w_{1 \to 3}$）+ （神经元 2 * $w_{2 \to 3}$）+ （神经元 4 * $w_{4 \to 3}$）+ $bias_3$	max(0,（神经元 1 * $w_{1 \to 3}$）+（神经元 2 * $w_{2 \to 3}$）+（神经元 4 * $w_{4 \to 3}$）+ $bias_3$）
0	0	0	0	(0 * 2) + (0 * −1) + (0 * −2) = 0	0 + 0 + 0 + 0 = 0	max(0, 0) = 0
1	0	0	0	(0 * 2) + (0 * −1) + (0 * −2) = 0	0 + 0 + 0 + 0 = 0	max (0, 0) = 1
2	1	0	0	(1 * 2) + (0 * −1) + (0 * −2) = 2	2 + 0 + 0 + 0 = 2	max (0, 2) = 2
3	2	1	0	(2 * 2) + (1 * −1) + (0 * −2) = 3	4 + −1 + 0 + 0 = 3	max (0, 3) = 3
4	3	2	0	(3 * 2) + (2 * −1) + (0 * −2) = 4	6 + −2 + 0 + 0 = 4	max (0, 4) = 4
5	4	3	1	(4 * 2) + (3 * −1) + (0 * −2) = 5	8 + −3 + −2 + 0 = 3	max (0, 3) = 3

图 10-10 显示了这种情况。

庆幸的是，现在你知道了神经网络架构是如何允许我们在图中的任意点以任意斜率进行上下移动的，仅仅需要对简单的神经元（通用的！）进行组合。我们也可以通过添加更多的神经元来实现更复杂的函数。

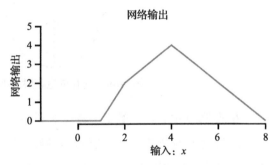

图 10-10 四神经元网络的结果示意图

10.2.6 自动生成特征

通过上文你已经了解到，具有单个隐藏层的神经网络可以使用足够多的神经元来近似任意有限函数。这是一个非常厉害的想法。但如果神经网络具有多个神经元的隐藏层，那会发生什么呢？简而言之，它能自动生成特征了，这或许是神经网络更厉害的一个方面。

以往，在构建机器学习模型的过程中，很大一部分工作是特征提取。对于一个 HTML 文件而言，将花费大量时间来决定 HTML 文件的哪些数据（例如节标题的数量、特定关键词的数量等）可能对建模比较有效。

多层神经网络和自动生成特征可以帮助我们减少大量的工作。通常来说，如果你将一定的原始特征（例如一个 HTML 文件中的字符或词语）输入到神经网络，那么每一层神经元都可以学习来表示这些原始特征，并使其作为后续层合适的输入。也就是说，如果字母 a 在 HTML 文档中出现的次数与恶意软件检测特别相关，即使没有人告诉它这是不是真的相关，神经网络都将学会去计算这个次数。

　　在我们的自行车图像处理示例中，没有人明确告诉网络边缘或车轮的元特征是有用的。模型在训练过程中能学习到将这些特征作为下一层神经元的输入是有用的。特别有用的是，这些较低层学习的特征可以被较高层以不同的方式使用，这意味着深层神经网络络可以用比单层网络少得多的神经元和参数来估计许多非常复杂的模式。

　　神经网络不仅完成了许多以前需要花费大量时间和精力的特征提取工作，而且在训练过程的引导下能以一种优化的、节省空间的方式进行。

10.3　训练神经网络

　　至此，我们已经探讨了在给定大量神经元和正确的权重及偏差值的情况下，神经网络络如何近似复杂函数的过程。在目前的所有示例中，我们都是手动设置的这些权重值和偏差参数值。然而，由于实际的神经网络通常包含数千个神经元和数百万个参数，所以我们需要一种有效的方法来优化这些参数值。

　　通常，在训练模型时，我们是从一个训练数据集和一个具有一堆没有进行优化（随机初始化）的参数的网络开始的。训练要求对参数进行优化以达到目标函数最小化的目标。在有监督的学习中，我们试图训练我们的模型以便能够预测标签，例如 0 表示"正常"，1 表示"恶意"，该目标函数将与训练期间网络的预测误差有关。对于某些给定的输入 x（例如，一个特定的 HTML 文件），这个目标函数就是我们知道的正确标签 y（例如，1.0 表示"是恶意软件"）和我们从当前网络获得的输出 $\hat{y}$（例如，0.7）之间的差异。你可以将误差视为预测的标签 $\hat{y}$ 与你所知的真实标签 y 之间的差异，其中 $network(x) = \hat{y}$，并且这个网络尝试近似某个未知函数 f，使得 $f(x) = y$。也就是说，$network = \hat{y}$。

　　训练网络背后的基本思想是从训练数据集中提供网络的观察值 x，接收一些输出 $\hat{y}$，然后找出如何改变参数可以使 $\hat{y}$ 更接近你的目标 y。想象一下，你在一个有各种旋钮的宇宙飞船中，你不知道每个旋钮的作用，但你知道你想去的地方在哪个方向（y）。为了解决这个问题，你踩油门并注意你去的方向（$\hat{y}$）。然后，你只要稍微转动一个旋钮，然后再次踩油门。你的第一个和第二个方向之间的差异会告诉你该旋钮对你前进的方向有多大影响。通过这种方式，你最终可以找到正常驾驶太空船的方式。

训练神经网络也是类似的过程。首先，你从训练数据集中向网络提供观察值 x，然后你会得到一些输出 $\hat{y}$。这一步称为前向传播，因为你通过网络向前输入 x 来获得最终输出 $\hat{y}$。接下来，你要确定每个参数如何影响输出 $\hat{y}$。例如，如果你的网络输出为 0.7，但是你知道正确的输出应该更接近 1，你可以尝试稍微增加一个参数 w 的值，看看 $\hat{y}$ 是否接近或远离 y，并且误差为多少[⊖]。这被称为 $\hat{y}$ 相对于 w 的偏导数，可以表示为 $\partial \hat{y} / \partial w$。

然后，整个网络中的所有参数都在一个方向上进行微调，使得 $\hat{y}$ 更接近于 y（并因此使网络更接近于 f）。如果 $\partial \hat{y} / \partial w$ 为正，那么你知道应该将 w 增加一点（具体地说，与 $\partial (y - \hat{y}) / \partial w$ 成比例），这样新的 $\hat{y}$ 值将稍微从 0.7 偏离并向 1 移动（更趋近于 y）。也就是说，通过带有已知标签的训练数据来修正误差，让你把网络训练得近似未知函数 f。

这个迭代计算偏导数、更新参数，并不断重复的过程就称为梯度下降。然而，对于一个拥有数千个神经元，数百万个参数以及通常数百万个训练数据的网络，所有这些微积分运算都需要大量的计算。为了解决这个问题，我们使用一种称为后向传播的简洁算法，使得这些计算变得可行。从本质上讲，通过后向传播我们可以像神经网络一样，沿着计算图有效地计算偏导数！

10.3.1 利用后向传播优化神经网络

在本节中，我们通过构建一个简单的神经网络来展示后向传播的工作原理。假设我们有一个训练样例，值为 $x = 2$，其关联的真实标签为 $y = 10$。通常来说，x 是一个包含许多数值的数组，但为了便于说明，让我们使用单个值来作为输入。将这些值套入网络，我们可以在图 10-11 中看到，我们的网络在输入值 x 为 2 时，输出值 $\hat{y}$ 为 5。

在给定 $x = 2$ 的情况下，为了使我们网络的输出 $\hat{y}$ 更接近于我们已知值为 10 的 y，我们需要计算 $w_{1\rightarrow3}$ 如何影响我们的最终输出 $\hat{y}$。让我们看看当我们将 $w_{1\rightarrow3}$ 增加一点（比如 0.01）时会发生什么。神经元 3 中的加权和变为 $1.01 * 2 + (1 * 3)$，使最终输出 $\hat{y}$ 的值从 5 变为 5.02，结果增加了 0.02。也就是说，$\hat{y}$ 相对于 $w_{1\rightarrow3}$ 的偏导数是 2，因为改变 $w_{1\rightarrow3}$ 会产生两倍于 $\hat{y}$ 的变化。

⊖ 实际上，不需要稍微增加参数的值然后重新评估网络的输出结果。这是因为整个网络是一个可微函数，这意味着我们可以使用微积分更快地精确计算（$\partial \hat{y} / \partial w$）。但是，我发现推导并不断评估的思路往往比使用可导微积分更直观。——译者注

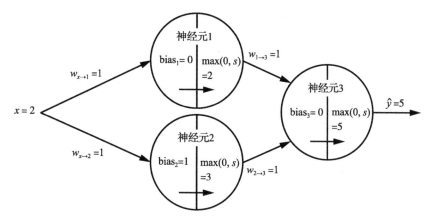

图 10-11 三神经元网络在输入 $x = 2$ 时的示意图

因为 y 是 10 以及我们当前的输出 $\hat{y}$（在给定我们当前的参数值和 $x = 2$ 时）是 5，我们现在知道应该少量增加 $w_{1\rightarrow3}$ 以使得 y 接近 10。

这是容易实现的。但是我们需要做到的是，知道在我们的网络中所有参数改变的方向，而不仅仅是最终层中一个神经元中参数改变的方向。例如，改变 $w_{x\rightarrow1}$ 会发生什么情况？计算 $\partial y/\partial w_{x\rightarrow1}$ 更复杂，因为它只对 $\hat{y}$ 起到间接影响的作用。首先，我们研究神经元 3 的函数，$\hat{y}$ 是如何受神经元 1 的输出影响的。如果我们将神经元 1 的输出从 2 更改为 2.01，则神经元 3 的最终输出会从 5 变为 5.01，因此 $\partial\hat{y}/\partial$ 神经元 1 = 1。要知道 $w_{x\rightarrow1}$ 对 y 的影响程度，我们只需将 $\partial\hat{y}/\partial$ 神经元 1 乘以 $w_{x\rightarrow1}$ 对神经元 1 输出的影响程度。如果我们将 $w_{x\rightarrow1}$ 从 1 更改为 1.01，则神经元 1 的输出将从 2 变为 2.02，因此 ∂ 神经元 $1/\partial w_{x\rightarrow1}$ 的值为 2。因此可以得到如下结果：

$$\frac{\partial\hat{y}}{\partial w_{x\rightarrow1}} = \frac{\partial\hat{y}}{\partial\ 神经元\ 1} * \frac{\partial\ 神经元\ 1}{\partial w_{x\rightarrow1}}$$

或者：

$$\frac{\partial\hat{y}}{\partial w_{x\rightarrow1}} = 1 * 2 = 2$$

你可能已经注意到我们刚刚使用了链式法则$^{\ominus}$。

也就是说，要弄清楚深入网络内部的 $w_{x\rightarrow1}$ 等参数如何影响我们的最终输出 $\hat{y}$，我们

$\ominus$　链式法则是用于计算复合函数导数的公式。例如，如果 f 和 g 都是函数，并且 h 是复合函数 $h(x) = f(g(x))$，则链式法则表明 $h'(x)=f'(g(x))*g'(x)$，其中 $f'(x)$ 表示函数 f 相对于 x 的偏导数。——译者注

将沿着参数 $w_{x\to1}$ 和 $\hat{y}$ 之间的路径的每个点的偏导数相乘。这意味着，如果将 $w_{x\to1}$ 输入
到一个神经元，其输出被输入到其他 10
个神经元中，那么计算 $w_{x\to1}$ 对 $\hat{y}$ 的影
响程度，将涉及对所有从 $w_{x\to1}$ 到 $\hat{y}$ 的路
径进行求和，而不是仅仅单条路径的结
果。图 10-12 显示了样例加权参数 $w_{x\to2}$
影响的路径。

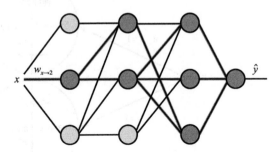

请注意，这个网络中的隐藏层不是
完全连接的层，这有助于解释为什么第二
层隐藏层的底部神经元没有被突出显示。

图 10-12　受 $w_{x\to2}$ 影响的路径示意图（以深灰色
显示）：与输入数据 x 和第一层（最左
边）中间神经元的连接相关联的权重

10.3.2　路径爆炸

但是当我们的网络变得更大时会发生什么？为了计算低级参数的偏导数，我们需要
添加的路径数量将呈指数级增长。假设一个神经元，它的输出被输入进有 1000 个神经元
的层，这个层的输出又被输入到 1000 多个神经元，然后这些神经元的输出被输入到一个
最终的神经元进行输出。

这里的结果就是一百万条路径！幸运的是，遍历每一条路径然后将它们相加来计算
"$\partial\hat{y} / (\partial$ 参数)"的值是没有必要的。这种情况下就是发挥后向传播作用的时候。不必沿
着每一条路径来计算我们的最终输出 $\hat{y}$，而是通过从上向下或者向后的方式一层一层地
来计算偏导数。

利用上一节中的链式法则逻辑，我们可以计算任何偏导数 $\partial\hat{y}/\partial w$，其中 w 表示第
（i–1）层的输出被输入到第 i 层中神经元 i 的权重参数，它可以通过对后续所有神经元
（i+1）进行求和得到，其中每个神经元（i+1）是第（$i+1$）层中与神经元 i（w 的神经元）
连接的那些神经元：

$$\frac{\partial\hat{y}}{\partial\,\text{神经元}\,(i+1)} * \frac{\partial\,\text{神经元}\,(i+1)}{\partial\,\text{神经元}\,i} * \frac{\partial\,\text{神经元}\,i}{\partial w}$$

通过自上而下逐层计算，我们对每层的导数结果进行合并来限制路径爆炸。也就是
说，记录顶层，即第（$i+1$）层的导数（如 $\partial\hat{y}$ / 神经元（i+1））计算结果可以帮助计算

第 i 层的导数。然后，为了计算第（$i-1$）层中的导数，我们可以使用在第 i 层的导数（如 $\partial y/\partial$ 神经元 i）结果。然后，第（$i-2$）层使用来自第（$i-1$）层的导数结果，并以此类推计算更前层的导数。这个技巧大大减少了原本我们不得不重复的计算，并帮助我们快速训练神经网络。

10.3.3　梯度消失

深度神经网络需要面临的一个困难就是梯度消失问题。考虑一个十层神经网络的第一层中的权重参数。它从后向传播得到的信号是从这个权重所在的神经元到最终输出这所有路径的信号之和。

这就存在一个问题，每条路径的信号可能非常微小，因为我们是在十个神经元深度的路径，通过计算每个点处的偏导数，并对这些点的结果进行相乘来计算这个信号，并且所有这些数值往往都小于 1。这意味着一个低级神经元的参数是基于大量极小数字的总和进行更新的，而这其中有许多数据最终将会相互抵消。因此，一个网络可能难以协同向较低层中的参数发送强信号。随着添加的神经元层越多，这个问题会呈指数级恶化。正如你会在下一节中所了解到的，某些网络设计正在试图解决这个普遍存在的问题。

10.4　神经网络的类型

为了简单起见，到目前为止我向你展示的每一个示例都使用了一种称为前馈神经网络的网络类型。实际上，对于不同类别的问题，还有许多其他有用的网络结构可以使用。让我们讨论一些最常见的神经网络类型，以及它们是如何应用于网络安全场景中的。

10.4.1　前馈神经网络

最简单（也是第一种）的神经网络，称为前馈神经网络：其他类型的神经网络通常只是这种"默认"结构的变体。前馈架构听上去应该很熟悉：它由多层神经元组成。每层神经元都连接到下一层中的一些或者所有神经元，但彼此的连接永远不会向后倒退或者形成循环，因此称为"前馈"。

在前馈神经网络中，每个连接都将第 i 层中的神经元（或者原始输入）连接到第 j 层

（ *j*>*i* ）中的神经元。第 *i* 层中的每个神经元不一定必须连接到第（ *i* + 1 ）层中的每个神经元，但是所有连接必须是前馈的，即将先前的层连接至后续的层。

前馈网络通常是你遇到问题时首先使用的网络，除非你已经知道另一种对手头问题特别有效的网络架构（例如用于图像识别的卷积神经网络）。

10.4.2 卷积神经网络

一个卷积神经网络（CNN）包含卷积层，其中馈入每个神经元的输入是由输入空间上的滑动窗口定义的。想象一下，一个小方形窗口在一个较大的图片上滑动，只有通过窗口可见的像素才会连接到下一层中的特定神经元。然后，窗口滑动，新的像素组将连接到新的神经元。这个过程如图 10-13 所示。

这些网络结构支持局部的特征学习。例如，对于网络的较低层来说，将重点放在图像中邻近像素点之间的关系（形成边、形状等）会更有用处，而不是关注那些随机散布在图像中的像素点之间的关系（这通常没什么意义）。滑动窗口明确地加强了这个重点，从而改善并加速了局部特征提取特别重要的区域中的学习过程。

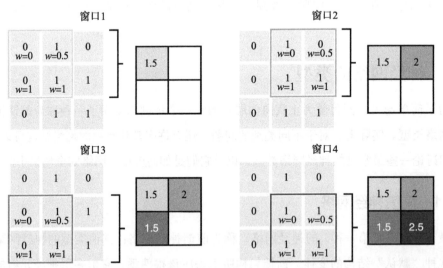

图 10-13 在步长为 1 的情况下，在 3×3 输入空间上滑动的 2×2 卷积窗口以产生 2×2 输出的示意图

由于卷积神经网络能够专注于输入数据的局部部分，因此在图像识别和分类方面非常有效。它们也被证明对某些类型的自然语言处理有效，这对网络安全方面的应用有一

定启示。

在每个卷积窗口的值被馈送到卷积层中的特定神经元之后，滑动窗口再次滑过这些神经元的输出，但不是将它们馈送到与每个输入具有相关联权重的标准神经元（例如，ReLU 神经元），而是给没有权重（即值固定为 1）和最大（或近似）激活函数的神经元。也就是说，在卷积层的输出上滑动一个小窗口，获取每个窗口的最大值并传递给下一层。这称为池化层。池化层的目标就是"缩减"数据（通常是图像），从而减少特征的尺寸以便更快地计算，同时保留最重要的信息。

卷积神经网络可以具有一组或多组卷积和池化层。一个标准架构可能包括一个卷积层一个池化层，然后是其他组的卷积层和池化层，最后是一些像前馈网络的全连接层。这种架构的目标是这些最终的全连接层会接收高级别的特征作为输入（想想独轮车的轮子），因此能够准确地对复杂数据（例如图像）进行分类。

10.4.3　自编码神经网络

自动编码器是一种神经网络，它试图对输入数据进行压缩并解压，使得输入的原始训练数据与解压后的输出结果之间的差异最小化。自动编码器的目标是学习一组数据的有效表示。也就是说，自动编码器的行为就像优化的有损压缩程序，它们将输入数据压缩成较小的表示，然后再将其解压回原始输入的大小。

对于一个给定的输入 x，这个网络不是通过最小化已知标签（y）和预测标签（$\hat{y}$）之间的差异来优化神经网络的参数，而是尝试通过最小化原始输入 x 和重构输出 $\hat{x}$ 之间的差异来进行优化。

在结构上，自动编码器通常与标准前馈神经网络非常相似，只是中间层比先前的层和后续层包含数量更少的神经元，如图 10-14 所示。

正如你所看到的，中间层比最左侧（输入）层和最右侧（输出）层小得多，这几层中每个层都具有相同的大小。最后一层应始终包含与原始输入相同数量的输出，因此每个训练输入 x_i 可与其经压缩和重建后的"表兄"$\hat{x}_i$ 进行比较。

在一个自动编码器网络经过训练后，它可以用于不同的目的。自动编码器网络可以简单地应用在有效的压缩 / 解压缩程序中。例如，经过训练的自动编码器对图像文件进行压缩得到的图像，比通过 JPEG 压缩相同图像文件得到的相同大小的图像更清晰。

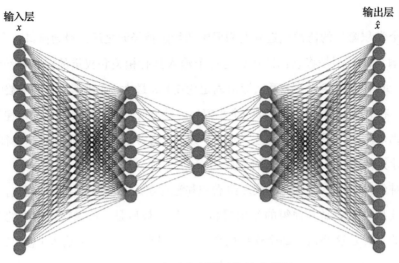

输入层
x

输出层
$\hat{x}$

图 10-14   自动编码器网络的示意图

10.4.4   生成式对抗网络

生成式对抗网络（GAN）是由两个神经网络通过相互竞争以在各自的任务中改进自己的系统。一般来说，生成网络首先会试图从随机噪声中创建伪造样本（例如，某种类型的图像）。然后，第二个辨别网络试图分辨真实样本和伪造样本之间的差异（例如，区分卧室的真实图像和生成的图像）。

GAN 中的两个神经网络都使用后向传播进行优化。生成网络基于它在给定回合中欺骗辨别网络的程度来优化其参数，而辨别网络则基于其在辨别生成样本和实际样本之间的准确程度来优化其参数。也就是说，它们的损失函数是彼此直接对立的。

GAN 可用于生成非常逼真的数据，或者用来增强低质量或已被损坏的数据。

10.4.5   循环神经网络

循环神经网络（RNN）是一类相对广泛的神经网络，其神经元之间的连接形成有向循环，其激活函数取决于时间步长。这促使网络开发一个存储器，来帮助它学习数据序列中的模式。在 RNN 网络中，输入、输出，或者输入和输出都是某种时间序列。

RNN 网络非常适用于看重数据顺序的任务，如连笔手写识别、语音识别、语言翻译和时间序列分析等。在网络安全的场景下，它们会与网络流量分析、行为检测和静态文件分析等问题相关。由于程序代码与自然语言类似，其中顺序都很重要，因此可以将其视为时间序列。

RNN 网络的一个问题是，由于梯度消失问题 RNN 网络中引入的每个时间步长类似于前馈神经网络中的一整个额外层。在后向传播期间，梯度消失问题导致较低层（或在较早的时间步长场景下）中的信号变得非常微弱。

长短期记忆网络（LSTM）是一种特殊类型的 RNN 网络，旨在解决这一问题。LSTM 网络包含记忆细胞和特殊神经元，它们试图决定记住哪些信息以及忘记哪些信息。剔除大部分信息极大地限制了梯度消失问题，因为这样就减少了路径爆炸。

10.4.6 残差网络

残差网络（简称 ResNet）是一种神经网络，它在网络的早期 / 浅层中的神经元之间创建跳跃连接[⊖]，通过跳过一个或多个中间层连接到更深的神经元层。这里的残差指的是这些网络学习直接在不同层之间传递数值信息的事实，而这些数值信息不必通过我们在表 10-1 中所说的各种激活函数。

这种结构有助于大大减少消失梯度问题，使得 ResNet 网络的结构可以非常深，有时超过了 100 层。

非常深度的神经网络擅长对输入数据中极其复杂、奇怪的关系进行建模。正因为 ResNet 网络能够拥有如此多的神经元层，所以它们特别适用于复杂的问题。就如前馈神经网络，ResNet 网络因其在解决复杂问题上的普遍有效性，而不是只在非常具体的问题领域有效，所以显得更为重要。

10.5 小结

在本章中，你了解了神经元的结构以及它们如何连接在一起形成神经网络。你还探讨了如何通过后向传播来训练这些网络，并且你发现了神经网络具有的一些优势和问题，例如通用性、自动特征生成和梯度消失问题。最后，你了解了一些常见类型的神经网络的结构和优点。

在下一章中，你将使用 Python 的 Keras 包实际构建神经网络来检测恶意软件。

⊖ 原文为 skip connections，在某些文献中也被称为短路连接（shortcut connections）。——译者注

第 11 章

使用 Keras 构建神经网络恶意软件检测器

十几年前，构建一个功能强大、可扩展、快速的神经网络是一项费时耗力的工作，需要编写大量的代码。然而，在过去几年里，随着神经网络设计的高级编程接口越来越多，这一过程变得不再那么痛苦。Python 中的软件包 Keras 就是这些接口中的一种。

在本章中，我将带你一起了解如何使用 Keras 软件包构建一个神经网络实例。首先，我将解释如何在 Keras 中定义神经网络模型的架构。其次，我们将训练这个模型来区分正常的 HTML 文件和恶意的 HTML 文件，并且你将学会如何保存和加载这些模型。再次，使用 Python 软件包 sklearn，你将学习如何通过数据验证来评价模型的准确性。最后，我们使用你学会的知识将准确性验证报告整合到模型的训练过程中。

我鼓励你在阅读本章时，同步阅读和编辑本书所附数据中的相关代码。你可以在那里找到本章讨论的所有代码（已经形成运行和调整起来更容易的参数化函数），以及一些额外的示例。在本章结束时，你将感觉自己已经准备好了开始构建自己的神经网络模型！

要运行本章中所列的代码清单，你不仅需要安装本章 " ch11/requirements.txt" 文件中列出的软件包（pip install -r requirements.txt），还需要按照说明在你的系统上安装一个 Keras 的后端引擎（TensorFlow、Theano 或 CNTK）。TensorFlow 可以按照下面这个指引进行安装：https://www.tensorflow.org/install/。

11.1　定义模型的架构

为了构建一个神经网络，你需要定义它的架构：哪些神经元放在哪里、它们跟后续的神经元怎样连接，以及数据如何流经整个网络。幸运的是，Keras 提供了一个简单、灵活的编程接口来定义以上所有事情。实际上，Keras 支持两种相似的模型定义语法，但是我们计划采用函数式 API（Functional API）语法，因为它比另一种"顺序"（sequential）语法更灵活、更强大。

在设计模型时，你需要关注三部分：输入、处理输入的中间部分和输出。有时你的模型会有多个输入、多个输出和非常复杂的中间部分，但其基本思想是当定义了一个模型的架构，你只要定义输入（即你的数据，例如与一个 HTML 文件相关的特征）如何流经不同的神经元（中间部分），直到最终在最后的神经元处结束生成输出结果。

为了定义这个架构，Keras 使用了层的概念。一个层是一组神经元，它们都使用相同类型的激活函数，都从前一层的神经元接收数据，并都把它们的输出发送至下一层的神经元。在神经网络中，输入数据通常被馈送到一个神经元的初始层，接着再把它的输出发送至下一层，而下一层又把它的输出发送到再下一层，以此类推，直到最后一层神经元生成网络的最终输出。

代码清单 11-1 是一个使用 Keras 函数 API 语法定义简单模型的例子。在我们浏览代码时，我鼓励你打开一个新的 Python 文件逐行编写和运行代码。或者，你可以尝试运行本书所附数据中的相关代码，有两种方法：一是将 ch11/model_architecture.py 文件中的相应部分复制粘贴到 ipython 会话中运行，二是在终端窗口中通过执行"python ch11/model_architecture.py"命令来运行。

代码清单 11-1　使用函数式 API 语法定义一个简单的模型

```
❶ from keras import layers
❷ from keras.models import Model

  input = layers.Input(❸shape=(1024,), ❹dtype='float32')
❺ middle = layers.Dense(units=512, activation='relu')(input)
❻ output = layers.Dense(units=1, activation='sigmoid')(middle)
❼ model = Model(inputs=input, outputs=output)
```

```
model.compile(❽optimizer='adam',
              ❾loss='binary_crossentropy',
              ❿metrics=['accuracy'])
```

首先，我们导入 Keras 包的 layers 子模块 ❶ 和 models 子模块中的 Model 类 ❷。

接下来，我们通过向 layers.Input() 函数传递一个 shape 值（整数数组）❸ 和一个数据类型（字符串）❹，来指定这个模型将接受哪种类型的数据作为观测输入。在这里，我们声明模型的输入数据将是一个由 1024 个浮点数组成的数组。假如我们的输入是一个整数矩阵，那么第一行看起来应该是这样：

input = layers.Input (shape=(100, 100) dtype='int32')。

注
意　如果模型在某一维上接受可变长的输入，那么可以使用 None 代替数字——例如，(100,None)。

接下来，我们指定要将此输入数据发送到的神经元层。为此，我们再次使用已经导入的 layers 子模块，具体来说，就是其中的 Dense 函数 ❺，来指定这一层将是一个密集连接（也称为完全连接）的层，这意味着来自前一层的每个输出都被发送到这一层中的每个神经元。Dense 可能是你在开发 Keras 模型时使用的最多的常用类型层。另一些函数允许你做一些诸如更改数据的形状（Reshape）和实现你自己的自定义层（Lambda）等操作。

我们给 Dense 函数传递两个参数：unit=512 指定我们想要在这一层设置 512 个神经元；activation='relu' 指定我们希望这些神经元是修正线性单元（ReLU）神经元。（回顾第 10 章，ReLU 神经元使用了一种简单的激活函数，它输出较大的值：要么是 0，要么是神经元输入值的加权和。）我们使用 layers.Dense(units=512, activation='relu') 来定义这一层，并且在这一行的最后部分（input）声明这一层的输入（即 input 对象）。重要的是要理解，将 input 传递到我们层中就是定义了数据在模型中是如何流动的，这一点比代码行的顺序更重要。

在下一行中，我们定义模型的输出层，它再次使用了 Dense 函数。但这一次，我们只给这一层指定了一个神经元，并使用了"sigmoid"激活函数 ❻，该函数对于将大量数据合并归一映射到 0 和 1 之间的一个分数非常有用。输出层将（middle）对象作为输入，同时声明 middle 层中的 512 个神经元的所有输出都应该作为输出层中这个神经元的输入。

现在我们已经定义好了层，我们使用 models 子模块中的 Model 类将所有这些层封装起来作为一个模型 ❼。注意，你只需要指定输入层和输出层。因为第一层之后的每一层都被赋予前一层作为输入，所以最后的输出层包含模型需要的关于前面层的所有信息。我们可以在 input 层和 output 层之间另外再声明 10 个 middle 层，但是在 ❼ 处那行代码仍保持不变。

11.2　编译模型

最后，我们需要编译我们的模型。我们已经定义了模型的架构和数据流，但还没有指定我们希望模型如何进行训练。为此，我们使用 model 中自带的 compile 方法，并向这个方法传递三个参数：

- 第一个参数 optimizer ❽，指定了要使用的后向传播算法的类型。你可以像例子里一样，通过一个字符串指定希望使用的算法名称，或者你可以直接从 keras. optimizers 导入一个算法，并给这个算法传入指定的参数，甚至你也可以自己设计算法。
- 第二个参数 loss ❾，指定了在训练过程（后向传播）中进行最小化运算的内容。具体地说，它指定了你希望用来表示实际训练标签和模型预测结果（输出）之间的差异计算公式。同样，你可以指定一个损失函数的名称，或者传入一个实际函数，比如：keras.losses.mean_squared_error。
- 最后一个参数 metrics ❿，可以为你在模型训练过程中和训练结束后分析模型性能时，传入你需要 Keras 报告的指标列表。同样，你可以传入字符串或实际的评价函数，比如 ['categorical_accuracy', keras.metrics.top_k_categorical_accuracy]。

在运行代码清单 11-1 中的代码后，执行 model.summary() 以查看输出到屏幕上的模型结构。你的输出应该与图 11-1 所示类似。

图 11-1 显示了 model.summary() 的输出。每一层的描述以及与该层相关的参数数量都打印在屏幕上。例如，dense_1 层有 524 800 个参数，因为这层中的 512 个神经元中的每一个都从输入层获得了 1024 个输入值的副本，这意味

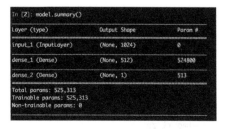

图 11-1　model.summary() 的输出示意图

着有 1024 × 512 个权重。再加上 512 个偏差参数，得到 1024 × 512 + 512 = 524 800 个参数。

尽管我们还没有训练我们的模型，也没有使用验证数据对它进行测试，但是这已经是一个编译好的 Keras 模型，可以进行训练了！

注意　查看 ch11/model_architecture.py 中的示例代码，可以了解一个稍微复杂一点的模型示例！

11.3　训练模型

为了训练我们的模型，我们需要训练数据。本书附带的虚拟机中有一个数量大约为 50 万的正常和恶意 HTML 文件集。这包括两个文件夹，分别是正常 HTML 文件（ch11/data/html/benign_files/）和恶意 HTML 文件（ch11/data/html/malicious_files/）。（记住不要在浏览器中打开这些文件！）在本节中，我们使用这些文件来训练我们的神经网络，以预测一个 HTML 文件是正常的（0）还是恶意的（1）。

11.3.1　提取特征

为此，我们首先需要确定如何表示数据。也就是说，我们希望从每个 HTML 文件中提取哪些特征来作为模型的输入？例如，我们可以简单地将每个 HTML 文件中前 1000 个字符传递给模型，我们可以传递字母表中所有字母在 HTML 文件中出现的频率，或者我们可以使用 HTML 解析器来开发一些更复杂的特征来作为模型的输入。为了方便起见，我们将每个可变长度的、可能非常大的 HTML 文件转换成一个固定长度并经过压缩的形式，使得我们的模型可以快速处理及学习重要的模式。

在本例中，我们将每个 HTML 文件转换为一个长度为 1024 的类别计数向量，其中每个类别计数表示这个 HTML 文件中哈希值解析为该种类别的 token 数量。代码清单 11-2 显示了特征提取代码。

代码清单 11-2　特征提取代码

```
import numpy as np
import murmur
import re
import os
```

```
def read_file(sha, dir):
    with open(os.path.join(dir, sha), 'r') as fp:
        file = fp.read()
    return file
def extract_features(sha, path_to_files_dir,
                     hash_dim=1024, ❶split_regex=r"\s+"):
  ❷ file = read_file(sha=sha, dir=path_to_files_dir)
  ❸ tokens = re.split(pattern=split_regex, string=file)
    # 现在取模（每个 token 的哈希），以便将每个 token 替换为 1 到 hash_dim 中的 bucket
    #（类别）。
    token_hash_buckets = [
      ❹ (murmur.string_hash(w) % (hash_dim - 1) + 1) for w in tokens
    ]
    # 最后，我们将计算每个 bucket 获得了多少次匹配，以便我们的特征始终具有 hash_
    # dim 长度，而不会受到 HTML 文件大小的影响：
    token_bucket_counts = np.zeros(hash_dim)
    # 这将返回 token_hash_buckets 中每个唯一值的频率计数：
    buckets, counts = np.unique(token_hash_buckets, return_counts=True)
    # 现在我们将这些计数插入我们的 token_bucket_counts 对象中：
    for bucket, count in zip(buckets, counts):
      ❺ token_bucket_counts[bucket] = count
    return np.array(token_bucket_counts)
```

要理解 Keras 是如何工作的你不必了解这段代码的所有细节，但是我鼓励你阅读代码中的注释，以便更好地理解发生了什么。

extract_features 函数首先将一个 HTML 文件作为一个很大的字符串进行读取 ❷，然后将该字符串基于正则表达式分解为一系列标记 ❸。接下来，针对每个标记计算它们的数字哈希值，然后通过求模运算将这些哈希值划分到不同类别 ❹。最后的特征集就是每类哈希值的个数构成的集合 ❺，类似直方图中不同类别的方块数量。如果你愿意的话，你可以尝试更改将 HTML 文件分割成数据块的正则表达式 split_regex ❶，以观察它是如何影响生成的标记和特征的。

如果你跳过或没有理解这些内容，也没关系，只要知道 extract_features 函数将 HTML 文件的路径作为输入，然后将其转换成了长度为 1024 的特征数组（hash_dim）即可。

11.3.2　创建数据生成器

现在需要让我们的 Keras 模型在这些特征上真正地训练了。当对已经加载到内存中的少量数据进行训练时，你可以使用代码清单 11-3 中这样一行简单的代码在 Keras 中训练你模型。

代码清单 11-3 当数据已经加载到内存中时进行模型训练

```
# 首先，你通过某种方式加载 my_data 和 my_labels，然后：
model.fit(my_data, my_labels, epochs=10, batch_size=32)
```

然而，当你开始基于大批量的数据进行训练时，这就不起实际作用了，原因是你无法将所有训练数据一次性地放入计算机的内存中。为了解决这个问题，我们使用一个稍微复杂一些但可扩展性更强的 model.fit_generator 函数。你不是一次性将所有的训练数据都传入该函数，而是向其传入一个生成器，这个生成器可以分批次地生成训练数据，这样就有效避免了你的计算机内存（RAM）拥塞。

Python 生成器的工作原理与 Python 函数类似，所不同的是它们有一个 yield 声明。生成器不是返回单个结果，而是返回一个对象，这个对象可以被一次又一次地调用，从而产生大量甚至无穷多个结果集。代码清单 11-4 显示了如何使用特征提取函数创建自己的数据生成器。

代码清单 11-4 编写数据生成器

```
def my_generator(benign_files, malicious_files,
                 path_to_benign_files, path_to_malicious_files,
                 batch_size, features_length=1024):
    n_samples_per_class = batch_size / 2
❶  assert len(benign_files) >= n_samples_per_class
    assert len(malicious_files) >= n_samples_per_class
❷  while True:
        ben_features = [
            extract_features(sha, path_to_files_dir=path_to_benign_files,
                          hash_dim=features_length)
            for sha in np.random.choice(benign_files, n_samples_per_class,
                                    replace=False)
        ]
        mal_features = [
         ❸ extract_features(sha, path_to_files_dir=path_to_malicious_files,
                          hash_dim=features_length)
         ❹ for sha in np.random.choice(malicious_files, n_samples_per_class,
                                    replace=False)
        ]
❺      all_features = ben_features + mal_features
        labels = [0 for i in range(n_samples_per_class)] + [1 for i in range(
                n_samples_per_class)]

        idx = np.random.choice(range(batch_size), batch_size)
❻      all_features = np.array([np.array(all_features[i]) for i in idx])
        labels = np.array([labels[i] for i in idx])
❼      yield all_features, labels
```

　　首先，使用两个 assert 声明以确保有足够的数据 ❶。然后在 while ❷ 循环中（由于逻辑条件为真，它会永远迭代往复）通过随机选择文件来同时抓取正常和恶意的特征 ❹，并使用 extract_features 函数 ❸ 提取那些文件的特征。接下来，对正常和恶性的特征以及相关联的标签（0 和 1）进行连接 ❺ 和混淆 ❻ 处理。最后，返回这些特征和标签 ❼。

　　一旦实例化，每次调用生成器的 next() 方法时，这个生成器将生成 batch_size 个特征和标签（其中 50% 是恶意的，50% 是正常的）用于模型的训练。

　　代码清单 11-5 展示了如何使用本书提供的数据创建一个训练数据生成器，以及如何通过将生成器传入模型的 fit_generator 方法来训练模型。

代码清单 11-5　创建训练生成器并使用它来训练模型

```
import os

batch_size = 128
features_length = 1024
path_to_training_benign_files = 'data/html/benign_files/training/'
path_to_training_malicious_files = 'data/html/malicious_files/training/'
steps_per_epoch = 1000 # artificially small for example-code speed!

❶ train_benign_files = os.listdir(path_to_training_benign_files)
❷ train_malicious_files = os.listdir(path_to_training_malicious_files)

  # make our training data generator!
❸ training_generator = my_generator(
      benign_files=train_benign_files,
      malicious_files=train_malicious_files,
      path_to_benign_files=path_to_training_benign_files,
      path_to_malicious_files=path_to_training_malicious_files,
      batch_size=batch_size,
      features_length=features_length
  )

❹ model.fit_generator(
  ❺ generator=training_generator,
  ❻ steps_per_epoch=steps_per_epoch,
  ❼ epochs=10
  )
```

　　试着通读这段代码来理解发生了什么。在导入一个必要的软件包并创建一些参数变量后，我们将正常 ❶ 和恶意训练数据 ❷ 的文件名（而不是文件本身）读入内存。我们将这些值传递给新函数 my_generator ❸，以得到训练数据生成器。最后，通过使用代码清单 11-1 中的 model，我们使用 model 内置的 `fit_generator` 方法 ❹ 启动训练过程。

`fit_generator` 方法有三个参数。`generator` ❺ 参数指明为每个批次生成训练数据的数据生成器。在训练过程中，参数会在每个批次结束时，通过平均该批次所有训练观测结果进行一次更新。`steps_per_epoch` ❻ 参数设置我们希望模型在每个周期要处理的批次数。因此，模型在每个周期中看到的观测结果总数为 batch_size*steps_per_epoch。通常来说，模型在每个周期中看到的观测结果总数应该等于数据集的大小，但是在本章和虚拟机示例代码中，我减少了 steps_per_epoch 以使我们的代码运行得更快。`epochs` ❼ 参数设置了要运行的周期数量。

可以尝试运行一下本书附带的 **ch11/** 目录下的这段代码。根据你的计算机的处理能力，每个训练周期将需要一定的时间来运行。如果你正在使用交互式会话，在几个训练周期之后，如果需要等待较长时间的话，你可以随时终止训练进程（CTRL-C）。这将停止训练而不会失去训练结果数据。在你终止进程（或代码执行完成）之后，你将拥有一个经过训练的模型！虚拟机屏幕上的输出应该如图 11-2 所示。

图 11-2　训练一个 Keras 模型的控制台输出

最上面几行显示 TensorFlow（Keras 的默认后端）已经加载。你还会看到如图 11-2 中所示的一些警告，这仅仅意味着训练将在 CPU 上而不是在 GPU 上进行（对于神经网络的训练，GPU 通常要比 CPU 的运行速度快 2 ～ 20 倍左右，但是对于本书内容和示例来讲，基于 CPU 的训练就已经足够了），对于程序运行没有任何影响。最后，你将看到每个周期的进度条，它标明了给定的周期将花多长时间运行完成，以及该周期的损失度和准确度指标。

11.3.3　与验证数据协作

在前一节中，你学习了如何使用可扩展的 fit_generator 方法在 HTML 文件上训练一个 Keras 模型。如你所见，该模型在训练期间输出声明，以标明每个周期的当前损失度和准确度的统计数据。然而，你真正关心的是经过训练的模型是否能够很好地适配验证数据，或者从未见过的数据。验证数据能够更好地表示模型在实际生产环境中将要面对的数据类型。

当试图设计更好的模型并弄清训练模型需要花费多长时间时，你应该尝试最大化验证准确度，而不是训练准确度，后者如图 11-2 所示。更好的方法是使用训练数据日期之后产生的验证文件数据来更好地模拟生产环境。

代码清单 11-6 显示了如何使用代码清单 11-4 中的 my_generator 函数将验证数据的特征加载到内存中。

代码清单 11-6　使用 my_generator 函数将验证特征和标签读入内存

```
import os
path_to_validation_benign_files = 'data/html/benign_files/validation/'
path_to_validation_malicious_files = 'data/html/malicious_files/validation/'
# 获取验证键：
val_benign_file_keys = os.listdir(path_to_validation_benign_files)
val_malicious_file_keys = os.listdir(path_to_validation_malicious_files)
# 获取验证数据并提取特征：
❶ validation_data = my_generator(
    benign_files=val_benign_files,
    malicious_files=val_malicious_files,
    path_to_benign_files=path_to_validation_benign_files,
    path_to_malicious_files=path_to_validation_malicious_files,
  ❷ batch_size=10000,
    features_length=features_length
❸ ).next()
```

这段代码与我们创建训练数据生成器的方法非常相似，只是文件路径发生了变化，现在我们希望将所有的验证数据加载到内存中。因此，我们不只是创建生成器，而是创建一个验证数据生成器 ❶，它具有非常大并等于我们想要验证的文件数量的 batch_size ❷ 参数，并且我们只要立即调用一次它的 .next() ❸ 方法。

现在我们已经将一些验证数据加载到内存中，Keras 允许我们在训练期间非常简单地向 fit_generator() 函数传递验证数据，如代码清单 11-7 所示。

代码清单 11-7   在训练期间使用验证数据进行自动监督

```
model.fit_generator(
  ❶ validation_data=validation_data,
    generator=training_generator,
    steps_per_epoch=steps_per_epoch,
    epochs=10
)
```

代码清单 11-7 几乎与代码清单 11-5 的尾部完全相同，只是 validation_data 现在被传递给了 fit_generator ❶。通过确保验证损失度和准确度与训练损失度和准确度同步计算，将有助于增强模型的监督学习能力。

训练输出应该看起来应如图 11-3 所示。

图 11-3   使用验证数据训练一个 Keras 模型的控制台输出

图 11-3 类似于图 11-2，除了显示每个周期的训练损失度和训练准确度（training loss and acc）指标之外，Keras 还计算和显示了每个周期的 val_loss（验证损失度）和 val_acc（验证准确度）。一般来说，如果验证准确度下降而不是上升，这表明你的模型与你的训练数据已经过拟合了，最好停止训练。如果验证准确度上升，就像本例中一样，这意味着你的模型仍然在持续变好，你应该继续训练。

11.3.4   保存和加载模型

既然你已经知道了如何建立和训练一个神经网络，现在让我们来看看如何保存它，这样你就可以与他人分享这个模型了。

代码清单 11-8 显示了如何将我们训练好的模型保存到一个 .h5 文件 ❶ 中并进行重新加载 ❷（在以后的某个时候）。

代码清单 11-8   Keras 模型的保存和加载

```
from keras.models import load_model
```

```
   # 保存模型
❶ model.save('my_model.h5')
   # 将模型从文件加载回内存
❷ same_model = load_model('my_model.h5')
```

11.4　模型评价

在模型训练章节，我们看到了一些默认的模型评价指标，例如，训练损失度和训练准确度，以及验证损失度和验证准确度。现在让我们看一看能够更好地评价我们模型的稍微复杂一些的指标。

评价二元预测器准确度的一个有用的指标是曲线下面积（area under the curve，AUC）。这里的曲线与接受者操作特征曲线（ROC，见第 8 章）有关，ROC 曲线绘制了所有可能的评分阈值对应的误报率（x 轴）与检出率（y 轴）。

例如，我们的模型尝试使用 0（正常）和 1（恶意）之间的得分来预测一个文件是否是恶意的。如果我们选择一个相对较高的得分阈值来将一个文件分类为恶意文件，我们将得到较少的误报率（好），但同时也会有较少的检出率（坏）。另一方面，如果我们选择一个低得分阈值，我们很可能得到一个高的误报率（坏），但同时也会有一个非常高的检出率（好）。

这两个样例的可能性将表示为我们模型的 ROC 曲线上的两个点，其中第一个点位于曲线的左侧，第二个点靠近曲线的右侧。AUC 只需取 ROC 曲线下的面积就可表示所有这些可能性，如图 11-4 所示。

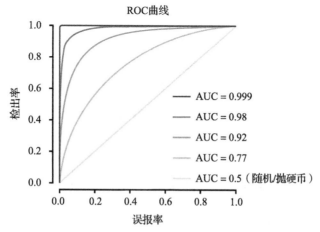

图 11-4　不同样例的 ROC 曲线。每条 ROC 曲线（或直线）对应一个不同的 AUC 值

简而言之，AUC 为 0.5 表示抛硬币的预测能力，而 AUC 为 1 则是完美的。

代码清单 11-9 是我们利用验证数据计算 AUC 的代码。

代码清单 11-9　使用 sklearn 中的 metric 子模块计算验证 AUC

```
from sklearn import metrics

❶ validation_labels = validation_data[1]
❷ validation_scores = [el[0] for el in model.predict(validation_data[0])]
❸ fpr, tpr, thres = metrics.roc_curve(y_true=validation_labels,
                                      y_score=validation_scores)
❹ auc = metrics.auc(fpr, tpr)
  print('Validation AUC = {}'.format(auc))
```

在这里，我们将 validation_data 元组分成两个对象：由 validation_labels ❶ 表示的验证标签，以及由 validation_scores ❷ 表示的扁平化验证模型预测。然后，通过 sklearn 中的 metrics.roc_curve 函数计算模型预测的误报率、检出率和相关阈值 ❸。利用以上结果，我们再次使用 sklearn 中的函数计算 AUC 指标值 ❹。

虽然这里我不会详细介绍函数代码，但是你也可以使用本书所附数据中"ch11/model_evaluate.py"文件中的 roc_plot() 函数来绘制如代码清单 11-10 所示的 ROC 曲线。

代码清单 11-10　使用本书所附数据中"ch11/model_evaluation .py"文件中的 roc_plot 函数创建一条 ROC 曲线

```
from ch11.model_evaluation import roc_plot
roc_plot(fpr=fpr, tpr=tpr, path_to_file='roc_curve.png')
```

运行代码清单 11-10 中的代码可以生成一个如图 11-5 所示的图（保存到 roc_curve.png 中）。

图 11-5 中 ROC 曲线上的每一点代表与 0 到 1 之间不同模型预测阈值相关联的特定的误报率（*x* 轴）和检出率（*y* 轴）。当误报率增加时，检出率增加，反之亦然。在生产环境中，你通常必须选择一个特定的阈值（也就是一个在这条曲线上的点，假定验证数据就是生产数据）来做出决策，这取决于你是愿意容忍更多的误报，还是愿意冒险漏掉一些黑客攻击过程中的恶意文件。

11.5　使用回调强化模型训练过程

到目前为止，你已经学习了如何设计、训练、保存、加载和评价 Keras 模型。虽然这事实上是你有一个良好开始所需要的所有内容，但是，我还是想介绍一下 Keras 回调，因为它可以使我们的模型训练过程更好。

Keras 回调表现为 Keras 在训练过程的某些阶段应用的一组函数。例如，你可以使用 Keras 回调来确保在每个周期结束时保存一个 .h5 文件，或者在每个周期结束时将验证 AUC 打印到屏幕上。这可以帮助你更准确地记录和告知你的模型在训练过程中是如何运行的。

我们从使用一个内置的回调开始，然后尝试编写自定义回调。

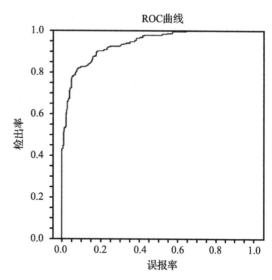

图 11-5　一条 ROC 曲线的示意图

11.5.1　使用内置回调

要使用内置回调，只需在训练期间向模型的 `fit_generator()` 方法传入一个回调实例即可。我们将使用 `callbacks.Model-Checkpoint` 回调函数，它在每个训练周期之后评价验证损失，如果验证损失小于之前任何一个周期的验证损失，则将当前模型保存到一个文件中。为此，回调函数需要访问我们的验证数据，因此我们将把它传递给 `fit_generator()` 方法，如代码清单 11-11 所示。

代码清单 11-11　在训练过程中添加一个 ModelCheckpoint 回调函数

```
from keras import callbacks

model.fit_generator(
    generator=training_generator,
    # 降低 steps_per_epoch，使示例代码运行得更快：
    steps_per_epoch=50,
    epochs=5,
    validation_data=validation_data,
    callbacks=[
        callbacks.ModelCheckpoint(save_best_only=True,❶
                                  ❷ filepath='results/best_model.h5',
                                  ❸ monitor='val_loss')
    ],
)
```

这段代码确保了每当 'val_loss' ❸（验证损失）达到新低时，将模型复写 ❶ 到同一文件 'results/best_model.h5' ❷ 中。这就确保了当前保存的模型（'results/best_ model.h5')始终代表了在所有已完成周期中验证损失方面的最佳模型。

或者,我们可以使用代码清单 11-12 中的代码,在每个周期之后,不考虑验证损失,总是将模型保存到一个不同的文件中。

代码清单 11-12　在每个周期之后,向训练过程添加一个将模型保存到不同文件的 ModelCheckpoint 回调函数

```
callbacks.ModelCheckpoint(save_best_only=False,❹
                  ❺ filepath='results/model_epoch_{epoch}.h5',
                  monitor='val_loss')
```

为此,我们使用与代码清单 11-11 相同的代码和相同的函数 ModelCheckpoint,但不同的是设置 save_best_only = False ❹ 和 filepath 中变量的取值时要求 Keras 填写上周期的序号 ❺。与只保存一个"最好"模型不同的是,代码清单 11-12 的回调函数把模型在每个周期对应的版本保存在文件 results/model_epoch_0.h5、results/model_epoch_1.h5、results/ model_epoch_2.h5,以及后续的文件中。

11.5.2　使用自定义回调函数

虽然 Keras 不支持 AUC,但我们可以设计自定义回调函数,例如,使得在每个周期之后将 AUC 打印到屏幕上。

为了创建一个自定义的 Keras 回调函数,我们需要创建一个 Keras.callbacks.Callback 的继承类,这个父类是用于建立新回调函数的抽象基类。我们可以选择添加一个或多个方法,这些方法将在训练期间自动运行,它们的名字一般叫作:on_epoch_begin、on_epoch_end、on_batch_begin、on_batch_end、on_train_begin 和 on_train_end。

代码清单 11-13 显示了如何创建一个在每个周期结束时计算验证 AUC 并将其打印到屏幕上的回调函数。

代码清单 11-13　在每个训练周期之后,创建并使用自定义回调函数将 AUC 打印到屏幕上

```
import numpy as np
from keras import callbacks
from sklearn import metrics

❶ class MyCallback(callbacks.Callback):

    ❷ def on_epoch_end(self, epoch, logs={}):
```

```
❸ validation_labels = self.validation_data[1]
  validation_scores = self.model.predict(self.validation_data[0])
  # 平坦得分 :
  validation_scores = [el[0] for el in validation_scores]
  fpr, tpr, thres = metrics.roc_curve(y_true=validation_labels,
                                       y_score=validation_scores)
❹ auc = metrics.auc(fpr, tpr)
  print('\n\tEpoch {}, Validation AUC = {}'.format(epoch,
                                                    np.round(auc, 6)))

model.fit_generator(
    generator=training_generator,
    # 降低 steps_per_epoch，使示例代码运行得更快 :
    steps_per_epoch=50,
    epochs=5,
❺ validation_data=validation_data,
❻ callbacks=[
      callbacks.ModelCheckpoint('results/model_epoch_{epoch}.h5',
                                monitor='val_loss',
                                save_best_only=False,
                                save_weights_only=False)
  ]
)
```

在本例中，我们首先创建 MyCallback 类 ❶，它继承自 callback.callbacks。为简单起见，我们重写了一个简单方法 on_epoch_end ❷，并给它提供了 Keras 要求的两个参数：epoch 和 logs（日志记录），这两个参数由 Keras 在训练期间调用该函数时提供。

然后，我们获取 validation_data ❸，由于 callback.Callback 的继承性，它已经存储在 self 对象中，并且就像我们在 11.4 节中所做的那样计算和打印 AUC ❹。注意，要使这段代码工作，需要将验证数据传递给 fit_generator()，以便回调函数能够在训练期间访问 self.validation_data ❺。最后，我们告诉模型指定新的回调函数并进行训练 ❻。结果应如图 11-6 所示。

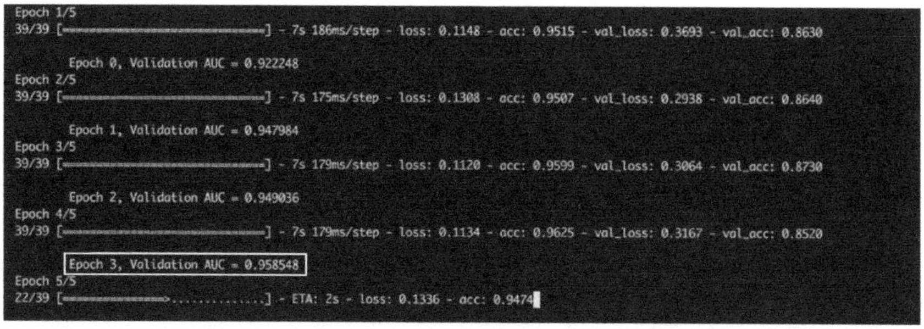

图 11-6　使用自定义 AUC 回调函数训练 Keras 模型的控制台输出示意图

如果你真的特别在意验证 AUC 的最小化，那么这个回调函数可以很容易地看到你的模型在训练期间的表现，从而帮助你评估是否应该停止训练过程（例如，如果随着时间的推移，验证准确度持续下降）。

11.6 小结

在本章中，你学习了如何使用 Keras 构建自己的神经网络。你还学会了训练、评价、保存和加载模型。然后，你学习了如何通过添加内置的或自定义的回调函数来强化模型训练过程。我鼓励你尝试一下本书附带的代码，看看模型架构和特征提取对模型准确度有什么影响。

这一章的目的是让你有个入门的了解，而不是一个完整的参考指南。访问 https://keras.io 可以获得最新的官方文档。我强烈建议你花时间研究 Keras 中你感兴趣的部分。希望这一章的内容能够成为你在网络安全深度学习探索中的一个良好起点！

第 12 章

成为数据科学家

　　为了对本书进行总结，让我们再回过头来讨论一下一位恶意软件数据科学家或普通的安全数据科学家的生活和职业是怎样的。虽然这是一个非技术性的章节，如果说它不比本书中的技术性章节更重要的话，但是它至少与技术性章节同等重要。因为成为一名成功的安全数据科学家所涉及的绝不仅仅是对技术主题的理解。

　　在本章中，作者们分享了自己成为专业安全数据科学家的职业道路。你将看到作为一名安全数据科学家的日常生活是何种状态，以及成为一名高效的数据科学家需要做什么。我们还分享了如何处理数据科学问题，以及在不可避免的挑战面前如何应对的技巧。

12.1　成为安全数据科学家之路

　　正因为安全数据科学是一个全新的领域，成为一名安全数据科学家可以有很多途径。许多人通过科班的正规培训成为数据科学家，也有许多人自学成才。像我便是一个例子，我成长于 20 世纪 90 年代，那时我学会了用 C 语言和汇编语言编程。后来，我获得了人文学科学士学位和硕士学位，然后作为一名安全软件开发人员重新进入技术领域。在此过程中，我通过业余时间自学了数据可视化和机器学习，最终进入安全研发公司 Sophos 成为了一名正式的安全数据科学家。本书合著者 Hillary Sanders 在大学学习统计学和经济学，她曾做过一段时间的数据科学家，后来就职一家安全公司从事数据科学家的工作，而她就是在这份工作中学习了安全知识。

我们在 Sophos 的团队非常多样化。我们的同事们拥有不同学科的学位：心理学、数据科学、数学、生物化学、统计学和计算机科学。虽然安全数据科学偏向于那些在科学定量化方法方面受过正规训练的人，但同时也需要具有不同背景的人加入进来。虽然科学和定量化训练有助于学习安全数据科学，但从我个人的经验来看，只要你愿意自学，你也可以以非传统的背景进入我们的领域并取得优异成绩。

能否精通安全数据科学取决于一个人不断学习新事物的意愿。这是因为在我们这个领域，实践知识和理论知识同样重要，你要通过实践而不是仅仅通过学校的学习来获得实际有用的知识。

乐于学习新事物也很重要，因为机器学习、网络分析和数据可视化技术都在不断变化，所以你在学校学到的东西很快就会过时。例如，深度学习在 2012 年左右才开始成为一种趋势，此后迅速发展，因此几乎所有在那之前毕业的数据科学专业的人都必须自学这些非常有用的思想。这对于那些希望进入安全数据科学专业的人来说是个好消息。因为那些已经在这个领域工作的人也必须要通过不断自学新技能，而你正好可以通过了解这些技能来迈出你的第一步。

12.2　安全数据科学家的一天

安全数据科学家的工作是将本书中所教的技能应用到各种困难的安全问题上。这些技能的应用会连同其他技能一起，形成一个更大的工作流以方便真正去解决问题。根据我们的经验以及其他公司或组织的同行们的经验，图 12-1 可以描述安全数据科学家的典型工作流。

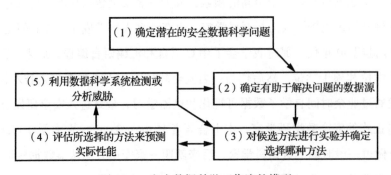

图 12-1　安全数据科学工作流的模型

如图 12-1 所示，安全数据科学工作流涉及五个工作领域之间的相互作用。第一个领域是确定问题，涉及明确数据科学可以解决的安全问题。例如，我们可能假设，可以基于数据科学识别鱼叉式网络钓鱼邮件，而识别用于混淆已知恶意软件的特定方法，则是一个需要研究的问题。

在这个阶段，任何关于某个问题可以用数据科学解决的猜测都只是一个假设。当你有一个锤子（数据科学）时，每个问题都可以看起来像钉子（机器学习、数据可视化或网络分析问题）。我们必须考虑这些问题是否真的最适合使用数据科学方法来解决，请记住可以构建一个数据科学解决方案原型，通过测试这个解决方案来更好地理解数据科学是否真的提供了最佳解决方案。

当你在一个组织或机构内工作时，在确定一个好的问题的过程中，经常需要同那些并非数据科学家的合作者进行沟通交流。例如，在我们公司内部，我们经常与产品经理、管理人员、软件开发人员和销售人员打交道，他们认为数据科学就像一根可以解决任何问题的魔杖，或者认为数据科学类似于“人工智能”，具有某种神奇的能力来实现不现实的结果。

在与这些非专业的合作者交流时，切记要诚实地面对数据科学方法的能力和局限，保持敏锐、谨慎的态度，这样你才不会去追逐错误的问题。你应该抛弃那些没有数据来驱动数据科学算法的问题、缺乏有效评价方法的问题，以及那些明显可以通过手工方法就能更好解决掉的问题。

例如以下的这些问题，别人提出后我们应当拒绝：

- 自动识别可能向竞争对手泄露数据的员工。针对这个问题缺乏足够的数据来驱动机器学习算法，然而可以通过数据可视化或网络分析来解决这一问题。
- 解密网络流量。机器学习的数学机理决定了它根本无法解密军用级加密数据。
- 根据员工生活方式的详细背景知识，自动识别那些针对特定员工的人工特制钓鱼邮件。同样，这也是因为没有足够的数据来驱动机器学习算法，而这个问题则可以利用可视化技术对时间序列或邮件数据进行分析来解决。

一旦你的确成功确定了一个潜在的安全数据科学问题，你的下一个任务就是确定数据源，以便可以使用本书中介绍的数据科学技术来解决该问题。如图 12-1 中的步骤 2 所示。当一天的工作结束时，如果你还没能获得你可用来训练机器学习模型、提供可视化或驱动网络分析的数据源，以解决你所选择的安全问题，那么数据科学很可能并不能帮你解决这一问题。

在选定了问题并确定了一个足以构建一套数据科学解决方案的数据源之后，就可以开始构建你的解决方案了。在实际应用中，一个解决方案在图 12-1 所示步骤 3 和步骤 4 之间不断地循环：构建某个东西，然后对它进行评价，再对它进行改进，再重新对它进行评价，依此迭代下去。

最后，一旦你的系统准备好了，就可以部署它了，如图 12-1 中的步骤 5 所示。当系统处于部署状态时，如果有新的数据源可用，你必须重复之前的步骤来集成新的数据，尝试新的数据科学方法，并重新部署系统的新版本。

12.3 高效安全数据科学家的特征

在安全数据科学中取得成功很大程度上取决于你的态度。在这一节中，我们列出了一些我们自己发现对成功进行安全数据科学工作来说很重要的心理因素。

12.3.1 开放的心态

数据充满了惊喜，这破坏我们对问题的了解。重要的是，你要对那些证明你某个先入为主的想法是错误的数据保持开放心态。如果不这样做，会导致你最终错过那些从该数据中得到的重要知识，甚至会把太多的信息读成随机噪音来说服你自己相信一个错误的理论。幸运的是，你在安全数据科学领域做的工作越多，你对从数据中"学习"这件事就会越发地开放思想。你会逐渐正确地面对自身所知有限的事实，也会更加擅于从每个新问题中学到更多的知识。随着时间的推移，你会开始享受并期待数据为你带来的惊喜。

12.3.2 无穷的好奇心

数据科学项目需要研究数据来发现模式、异常和趋势，然后利用这些来构建我们的系统，这与软件工程和 IT 项目非常不同。识别这些数据中相互关联和相互作用的机理并不容易：通常需要运行数百个实验或分析，才能理解数据的总体形状和隐藏其中的故事。有些人有一种天生的、近乎成瘾的动力，去进行精心设计的实验并对数据进行更深入的挖掘，而另一些人则没有这种动力。前者便是那种倾向于在数据科学方面取得成功的人，正因如此，好奇心便是这个领域的必要条件，因为好奇心区分了我们能够对数据进行理解的深浅程度。在对数据进行模型构建和可视化分析过程中，你的好奇心越是强烈，最终得到的系统就会越有用。

12.3.3　对结果的痴迷

一旦你定义了一个好的安全数据科学问题，开始迭代地尝试解决方案并对其进行评价，那么对结果的痴迷感将会支配你，这一点在机器学习项目上体现得特别明显。例如，当我深入参与一个机器学习项目时，我会一周 7 天、每天 24 小时地开展着多项实验。这意味着我可能会在一个晚上醒来很多次来检查实验的进度，并且经常需要修复 bug，并在凌晨 3 点重启实验。我倾向于每晚睡觉前检查一下我的实验，整个周末都会检查好几次。

这种全天候的工作流程通常是构建顶级安全数据科学系统所必须的状态。缺乏这种状态，人们会很容易满足于平庸的结果，便无法打破常规，或者克服由错误的数据假设造成的阻碍。

12.3.4　对结果的怀疑

人们很容易误以为自己在一个安全数据科学项目上取得了成功。例如，可能你的评价过程设置不正确，导致系统的准确性看起来比实际情况好很多。基于同训练数据过于相似或与实际数据差距太大的数据来评价你的系统，是一个常见的陷阱。你还可能无意中从你的网络可视化分析中挑选了一些你认为有用的示例，但是大多数用户并没有从中发现太多价值。或者也许你在你的方法上付出了太多的努力，以至于你说服自己统计评价数据是好的，但实际上它们还不足以让你的系统在实际工作中发挥作用。很重要的一点是你要对实验结果保持合理的怀疑态度，以免有一天发现自己已陷入了某种尴尬的境地。

12.4　未来的工作

这本书我们讲了很多，但也只是触及皮毛。如果这本书已经说服你以一种严谨的方式从事安全数据科学，我们有两个建议：首先，将你在本书中学到的工具立即应用于你关心的问题上；其次，阅读更多关于数据科学和安全数据科学的书籍。以下是一些实际问题的例子，你可以考虑将新技能应用到其中：

- 检测恶意域名
- 检测恶意 URL
- 检测恶意电子邮件附件
- 可视化分析网络流量以发现异常
- 可视化分析电子邮件发件人 / 收件人模式来检测钓鱼邮件

为了扩展你对数据科学方法的知识，我们建议你从简单的开始，通过维基百科文章了解更多关于数据科学算法的知识。对于数据科学而言，维基百科是一个令人惊喜的、可免费访问的并且权威性的知识资源。对于那些想要在机器学习方面深入学习的人，我们建议他们选择线性代数、概率论、统计学、图分析和多变量微积分等方面的书籍，或者参加免费的在线课程。学习这些基础知识将为你以后的数据科学生涯带来回报，因为这些内容是这个领域的基础。除了关注这些基础知识之外，我们还建议你参加课程或者阅读关于 Python、numpy、sklearn、matplotlib、seaborn、Keras 等更加"实用"的书籍，以及本书中涉及的在数据科学社区中大量使用的其他工具。

附录

数据集和工具概述

本书的所有数据和代码均可通过 http://malwaredatascience. com/ 这个网址下载。请注意：数据中存在 Windows 恶意软件。如果你在运行有反病毒引擎的计算机上解压缩数据，那么许多恶意软件样本可能会被删除或隔离。

> **注意** 我们在每个恶意软件可执行文件中修改了几个字节，以禁止它执行。话虽这么说，你要小心存储它的位置。我们建议将其存储在与你的家庭或企业网络隔离的非 Windows 计算机上。

理想情况下，你应该只在隔离的虚拟机中实验代码和数据。为方便起见，我们在 http://www.malwaredatascience.com/ 上提供了一个 VirtualBox Ubuntu 实例，其中预装了数据和代码，以及所有必须的开源库。

数据集的概述

现在让我们浏览一下本书每一章所附带的数据集。

第 1 章

回想一下，在第 1 章中，我们对一个称为 ircbot.exe 的恶意软件二进制文件进行了基本的静态分析。这种恶意软件是一种植入物，意味着它隐藏在用户的系统中，等待攻击者的命令，使得攻击者能够从受害者的计算机收集隐私数据或实现恶意目的，如擦除受害者的硬盘存储等。这个二进制文件可以在本书附带的数据路径 ch1/ircbot.exe 中找到。

在本章中，我们还使用了一个 fakepdfmalware.exe 的例子（位于 ch1/fakepdfmalware.exe）。这是一个恶意软件程序，它有一个 Adobe Acrobat/PDF 桌面图标，它会让用户误认为他们正在打开 PDF 文档，而此时用户实际上运行了恶意程序并致使他们的系统被感染。

第 2 章

在本章中，我们将探讨恶意软件逆向工程的一个更深层次的主题：分析 x86 反汇编。在本章中，我们将复用了第 1 章中的 ircbot.exe 例子。

第 3 章

对于我们在第 3 章中所讨论的动态恶意软件分析，我们使用了一个勒索软件示例，该示例存储在本书附带的数据路径 ch3/d676d9dfab6a4242258362b8ff579cfe6e5e6db3f0cd d3e0069ace50f80af1c5 中。文件名对应于文件的 SHA256 加密哈希值。这个勒索软件并没有什么特别之处，我们是通过搜索 VirusTotal.com 的恶意软件数据库找到的勒索软件示例。

第 4 章

第 4 章介绍了网络分析与可视化技术在恶意软件中的应用。为了演示这些技术，我们使用了用于高等级攻击的一组高质量恶意软件样本，将我们的分析集中在一组恶意软件样本上，这些样本可能由安全社区所知的 APT1（Advanced Persistent Threat 1）组织开发。

网络安全公司 Mandiant 发现并公布了这些样本以及制作这些样本的 APT1 组织。Mandiant 在其发布的报告中指出（摘录自该报告）：

- 自 2006 年以来，Mandiant 观察到 APT1 组织对 20 个主要行业的 141 家公司造成了损害。

- APT1 组织有一套明确的攻击方法，打磨多年意在窃取大量有价值的知识产权。
- 一旦 APT1 组织建立了访问权限，他们会在几个月或几年的时间里定期重复访问受害者的网络，窃取各种类型的知识产权，包括技术蓝图、专有制造流程、测试结果、商业计划、定价文件、合作协议，以及受害者组织领导层的电子邮件和联系人名单。
- APT1 组织使用了一些我们尚未观察到被其他组使用的工具和技术，包括用于窃取电子邮件的两个实用工具：GETMAIL 和 MAPIGET。
- APT1 组织维持着对受害者网络平均 356 天的访问。
- APT1 组织对受害者网络最长的访问时间为 1764 天，即 4 年零 10 个月。
- 在其他大规模的知识产权盗窃案例中，我们观察到 APT1 组织在 10 个月内从一个组织窃取了 6.5TB 的压缩数据。
- 在 2011 年的第一个月，APT1 组织成功地对 10 个不同行业的至少 17 名新受害者造成了危害。

正如这份报告的摘录所示，APT1 样本被用于高风险的国家级间谍活动。这些样本可在本书附带的数据目录 ch4/data/apt1_malware_families 中找到。

第 5 章

第 5 章复用了第 4 章中使用的 APT1 样本。为了方便起见，这些样本还位于第 5 章目录 ch5/data/APT1_MALWARE_FAMILIES 中。

第 6 章
第 7 章

这些概念性章节不需要任何样本数据。

第 8 章

第 8 章探讨了如何构建基于机器学习的恶意软件检测器，并使用 1419 个样本二进制文件作为样本数据集来训练你自己的机器学习检测系统。这些二进制文件位于 ch8/data/

benignware（正常样本目录）和 ch8/data/malware（恶意样本目录）。

该数据集包含 991 个正常软件样本和 428 个恶意软件样本，我们从 VirusTotal.com
获得了这些数据。在恶意软件示例中，这些样本代表了 2017 年在互联网上观察到的恶意
软件类型，在正常软件示例中，代表了用户在 2017 年上传到 VirusTotal.com 的二进制文
件类型。

第 9 章

第 9 章探讨了数据可视化技术，并使用了目录 ch9/code/malware_data.csv 中的数据
样本。在文件中的 37 511 行数据中，每一行都显示了单个恶意软件文件的记录，包括它
第一次是什么时候被发现的、被多少反病毒产品检测出来、是哪种恶意软件（例如，特
洛伊木马、勒索软件等）等信息。这些数据均来自 VirusTotal.com。

第 10 章

本章介绍深度神经网络，不使用任何样本数据。

第 11 章

本章介绍如何构建用于检测恶意和正常 HTML 文件的神经网络恶意软件检测器。正
常的 HTML 文件来自合法的网页，恶意网页（HTML 文件）来自于试图通过网络浏览
器感染受害者计算机的网站。我们使用付费订阅（允许访问有数百万样本的恶意和正常
HTML 网页）从 VirusTotal.com 获得这两个数据集。

所有数据都存储在根目录 ch11/data/html 中。正常软件存储在目录 ch11/data/html/
benign_files 中，恶意软件存储在目录 ch11/data/html/malicious_files 中。此外，在每个
目录中都有名为 training（训练）和 validation（验证）的子目录。在本章中，training 目录
包含我们在本章中训练神经网络的文件，而 validation 目录包含了我们测试神经网络以评
价其准确性的文件。

第 12 章

第 12 章讨论了如何成为一名数据科学家，不使用任何样本数据。

工具实施指南

　　尽管本书中的所有代码都是示例代码，旨在演示本书中的想法，而不是全套的方案，并不能完全应用于实际工作，但是我们提供的一些代码可以用作你自己恶意软件分析工作中的工具，特别是你可以根据自己的需求对它进行扩展。

> **注意** 作为成熟的恶意软件数据科学工具的示例和起点，这些工具没有鲁棒地实现。它们已经在 Ubuntu 17 系统中进行了测试，预计可以在这个平台上运行，但是只要根据正确的安装要求做一些工作，你应该能够很容易地让这些工具在其他平台上运行，比如 macOS 和其他 Linux 版本。

　　在本节中，我们将按照新工具出现的顺序浏览本书中所提供的工具。

共享主机名网络可视化

　　第 4 章给出了一个共享主机名网络的可视化工具，它位于 ch4/code/listing-4-8.py 目录中。该工具从目标恶意软件文件中提取主机名，然后根据其中包含的共同主机名显示文件之间的连接。

　　该工具以一个恶意软件的文件目录作为输入，然后输出三个 GraphViz 文件，你可以对其进行可视化。要安装此工具的要求，请在 ch4/code 目录中运行命令 run bash install_requirements.sh。代码清单 A-1 显示了该工具的"帮助"输出，下面我们将讨论这些参数的含义。

代码清单 A-1　第 4 章给出的共享主机名网络可视化工具的帮助输出

```
用法：将一个目录中恶意软件样本之间共享主机名的关系进行可视化
      [-h] target_path output_file malware_projection hostname_projection

命令参数：
❶ target_path          // 恶意软件样本的目录
❷ output_file          // 要将 DOT 文件写入的文件
❸ malware_projection   // 要将 DOT 文件写入的文件
❹ hostname_projection  // 要将 DOT 文件写入的文件

可选参数：
  -h, --help           // 显示帮助信息并退出
```

如代码清单 A-1 所示，共享主机名可视化工具需要四个命令行参数：target_path ❶、output_file ❷、malware_projection ❸ 和 hostname_projection ❹。 参数 target_path 是你要分析的恶意软件样本目录的路径。参数 output_file 是程序要写入一个 GraphViz 的 .dot 文件的路径，该文件表示将恶意软件样本连接到它们所包含的主机名的网络。

参数 malware_projection 和 hostname_projection 也都是文件路径，并指定了程序写入这些代表派生网络的 .dot 文件的位置（有关网络投影的更多信息请参阅第 4 章）。一旦程序运行后，你可以使用第 4 章和第 5 章中讨论的 GraphViz 套件来进行网络可视化。例如，你可以使用命令 fdp malware_projection.dot -Tpng -o malware _projection.png 生成一个如图 A-1 所呈现的在你自己的恶意软件数据集上的 .png 文件。

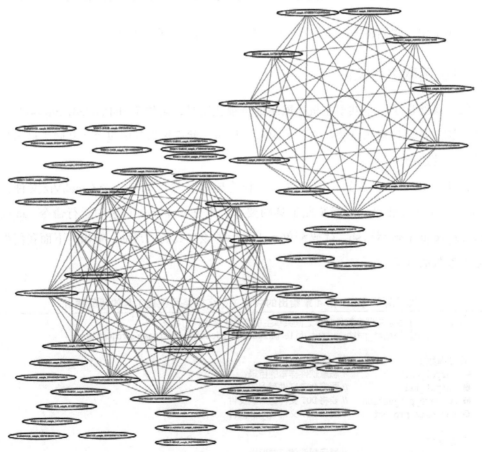

图 A-1　第 4 章给出的共享主机名可视化工具的示例输出

共享图像网络可视化

我们在第 4 章中介绍了一个共享图像网络的可视化工具，该工具位于 ch4/code/listing-4-12.py 目录中。此程序根据嵌入图像的共享情况显示恶意软件样本之间的网络关系。

该工具将恶意软件目录作为其输入，然后输出三个你可以进行可视化的 GraphViz 文件。要安装此工具的要求，请在 ch4/code 目录中运行命令 run bash install_requirements.sh。让我们讨论该工具“帮助”输出中的参数（参见代码清单 A-2 ）。

代码清单 A-2　第 4 章给出的共享资源网络可视化工具的帮助输出

```
用法: 将一个目录中恶意软件样本之间共享图像的关系进行可视化
        [-h] target_path output_file malware_projection resource_projection

命令参数:
❶ target_path              // 恶意软件样本的目录
❷ output_file              // 要将 DOT 文件写入的文件
❸ malware_projection       // 要将 DOT 文件写入的文件
❹ resource_projection      // 要将 DOT 文件写入的文件

可选参数:
  -h, --help               // 显示帮助信息并退出
```

如代码清单 A-2 所示，共享图像可视化工具需要四个命令行参数：target_path ❶、output_file ❷、malware_projection ❸ 和 hostname_projection ❹。与共享主机名程序非常相似，此处的参数 target_path 是你要分析的恶意软件样本目录的路径，参数 output_file 是程序要写入一个 GraphViz 的 .dot 文件的路径，该文件表示将恶意软件样本连接到它们所包含图像的二分图（二分图在第 4 章讨论）。参数 malware_projection 和 hostname_projection 也都是文件路径，并指定了程序写入这些代表网络的 .dot 文件的位置。

与共享主机名程序一样，一旦运行了该程序，你就可以使用 GraphViz 套件来进行网络可视化。例如，你可以在自己的恶意软件数据集上使用命令 fdp resource_projection.dot -Tpng -o resource_projection.png 来生成类似于 4.8 节图 4-12 中所呈现的 .png 文件的文件。

恶意软件相似性可视化

在第 5 章中，我们讨论了恶意软件的相似性以及共享代码分析和可视化。我们提供

的第一个示例工具在目录 ch5/code/listing_5_1.py 中给出。此工具将包含恶意软件的目录作为输入，然后对目录中恶意软件样本之间的共享代码关系进行可视化。要安装此工具的要求，请在 ch5/code 目录中运行命令 run bash install_requirements.sh。代码清单 A-3 显示了该工具的帮助输出。

代码清单 A-3　第 5 章给出的恶意软件相似性可视化工具的帮助输出

```
用法：listing_5_1.py [-h] [--jaccard_index_threshold THRESHOLD]
                      target_directory output_dot_file

// 确定恶意软件样本之间的相似性并构建相似性图：

命令参数：
❶ target_directory         // 包含恶意软件的目录
❷ output_dot_file          // 保存输出图 DOT 文件的路径
可选参数：
  -h, --help               // 显示帮助信息并退出
❸ --jaccard_index_threshold THRESHOLD, -j THRESHOLD
                           // 高于该阈值就在样本之间创建"边"
```

当你从命令行运行此共享代码分析工具时，需要传入两个命令行参数：target_directory ❶ 和 output_dot_file ❷。你还可以使用可选参数 jaccard_index_threshold ❸ 来设置在程序中与 Jaccard 系数一起使用的两个样本之间的相似性阈值，用来确定是否在这些样本之间创建边。Jaccard 系数在第 5 章中进行了详细讨论。

在你使用命令 fdp output_dot_file.dot -Tpng -o similarity_network.png 呈现 output_dot_file 后，图 A-2 显示了这个工具的示例输出。这就是我们使用这个工具对刚才描述的 APT1 恶意软件样本进行推断得到的共享代码网络。

恶意软件相似性搜索系统

我们在第 5 章中提供的第二个代码共享估计工具在目录 ch5/code/listing_5_2.py 中给出。此工具允许你索引数据库中的数千个样本，然后使用一个用于查询的恶意软件样本对它们进行相似性搜索，从而可以找到可能与该样本共享代码的恶意软件样本。要安装此工具的要求，请在目录 ch5/code 中运行命令 run bash install_requirements.sh。代码清单 A-4 显示了该工具的帮助输出。

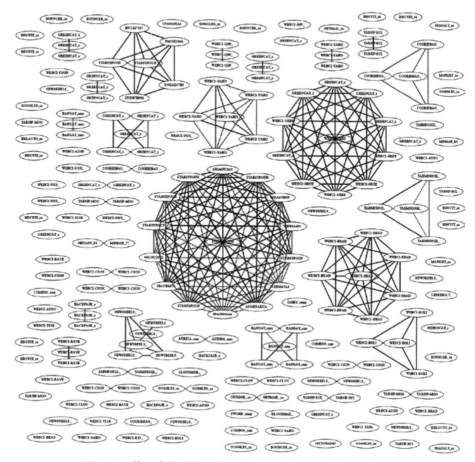

图 A-2　第 5 章给出的恶意软件相似性分析工具的示例输出

代码清单 A-4　第 5 章给出的恶意软件相似性搜索系统的帮助输出

用法：listing_5_2.py [-h] [-l LOAD] [-s SEARCH] [-c COMMENT] [-w]

// 简单的代码共享搜索系统，允许你建立恶意软件样本数据库（由文件路径索引），然后在
// 给定一些新样本的情况下搜索与其类似的样本

可选参数：
```
  -h, --help            // 显示帮助信息并退出
❶ -l LOAD, --load LOAD  // 存储在数据库中包含恶意软件或单个恶意软件文件目录的路径
❷ -s SEARCH, --search SEARCH
                        // 用于执行相似性搜索的单个恶意软件文件
❸ -c COMMENT, --comment COMMENT
                        // 对恶意软件样本路径的注释
❹ -w, --wipe            // 擦除样本数据库
```

这个工具有四种运行模式。第一种模式 LOAD ❶ 将恶意软件加载到相似性搜索数据库中，并以路径作为其参数，该参数应指向其中包含恶意软件的目录。你可以多次运行 LOAD 并每次向数据库添加新的恶意软件。

第二种模式 SEARCH ❷ 将单个恶意软件文件的路径作为其参数，然后在数据库中搜索类似的样本。第三种模式 COMMENT ❸ 以恶意软件样本路径作为参数，然后提示你输入关于该样本的简短文本注释。使用注释功能的好处是，当你搜索类似于查询恶意软件样本的样本时，你可以看到与相似样本对应的注释，从而丰富了你对查询样本的了解。

第四种模式，即擦除 x，删除相似性搜索数据库中的所有数据，以防你想重新开始并索引不同的恶意软件数据集。代码清单 A-5 显示了 SEARCH 查询的一些示例输出，为你提供了此工具输出的样子。在这里，我们使用 LOAD 命令索引了之前描述的 APT1 样本，并随后在数据库中搜索了与 APT1 样本之一类似的样本。

第四种模式 wipe ❹，它删除相似性搜索数据库中的所有数据，以防你想重新开始并索引一个不同的恶意软件数据集。代码清单 A-5 显示了一个搜索查询的一些样本输出，让你大致了解这个工具的输出是什么样子的。在这里，我们使用 LOAD 命令对前面描述的 APT1 样本进行索引，并随后在数据库中搜索与 APT1 组织所用的一个样本相似的样本。

代码清单 A-5　第 5 章给出的恶意软件相似性搜索系统的示例输出

```
显示类似于 WEBC2-GREENCAT_sample_E54CE5F0112C9FDFE86DB17E85A5E2C5 的样本
样本名称                                                            共享代码
[*] WEBC2-GREENCAT_sample_55FB1409170C91740359D1D96364F17B          0.9921875
[*] GREENCAT_sample_55FB1409170C91740359D1D96364F17B               0.9921875
[*] WEBC2-GREENCAT_sample_E83F60FB0E0396EA309FAF0AED64E53F          0.984375
    [comment] This sample was determined to definitely have come from the advanced persistent
              threat group observed last July on our West Coast network
[*] GREENCAT_sample_E83F60FB0E0396EA309FAF0AED64E53F               0.984375
```

机器学习恶意软件检测系统

你可以在自己的恶意软件分析工作中使用的最后一个工具是第 8 章中使用的机器学习恶意软件检测器，它可以在目录 ch8/code/complete_detector.py 中找到。这个工具允许你使用恶意软件和正常软件训练恶意软件检测系统，然后使用该系统来检测新的样本是恶意的还是正常的。你可以通过在 ch8/code 目录中运行命令 bash install.sh 来安装这个工具的要求。代码清单 A-6 显示了这个工具的帮助输出。

代码清单 A-6　第 8 章给出的机器学习恶意软件检测工具的帮助输出

```
用法：机器学习恶意软件检测系统        [-h]
                                      [--malware_paths MALWARE_PATHS]
                                      [--benignware_paths BENIGNWARE_PATHS]
                                      [--scan_file_path SCAN_FILE_PATH]
                                      [--evaluate]

可选参数:
  -h, --help                                // 显示帮助信息并退出
❶ --malware_paths MALWARE_PATHS             // 恶意软件训练文件的路径
❷ --benignware_paths BENIGNWARE_PATHS       // 正常软件训练文件的路径
❸ --scan_file_path SCAN_FILE_PATH           // 要检测的文件
❹ --evaluate                                // 执行交叉验证
```

这个工具有三种运行模式。evaluate（评价）模式❹，使用你选择用于训练和评价系统的数据来测试系统的准确性。要调用这个模式，你可以运行 python complete_detector.py -malware_paths <path to directory with malware in it>--benignware_paths <path to directory with benignware in it>--evaluate。这个命令将调用一个 matplotlib 窗口，显示你的检测器的 ROC 曲线（ROC 曲线在第 7 章进行讨论）。图 A-3 显示了评价模式的一些示例输出。

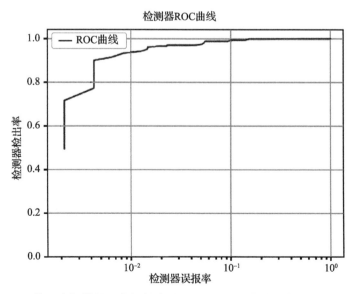

图 A-3　第 8 章提供的恶意软件检测工具在以评价模式运行下的示例输出

训练模式训练一个恶意软件检测模型并将其保存到磁盘。你可以通过运行 python complete_detector.py -malware_paths ❶ <path to directory with malware in it>--benignware_paths ❷ <path to directory with benignware in it> 来调用这个模式。请注意，这个命令调用和评价模式调用之间的唯一区别是，我们没有使用 --evaluate 标志。该命令的结果是生成一个模型，并将其保存到名为 saved_detector.pkl 的文件中，该文件保存在当前工作目录中。

第三种模式 scan（扫描），加载 saved_detector.pkl，然后扫描目标文件，预测它是否是恶意的。在运行扫描之前，请确保已运行训练模式。你可以通过在训练系统的目录中运行 python complete_detector.py -scan_file_path <PE EXE file> 来运行扫描。输出将是目标文件是恶意的概率。

数据即未来：大数据王者之道

作者：[美] 布瑞恩·戈德西 ISBN：978-7-111-58926-6 定价：79.00元

预见未来，抽丝剥茧，呈现数据科学的核心

一本帮助你理解数据科学过程，高效完成数据科学项目的实用指南。

内容聚焦于数据科学项目中所特有的概念和挑战，组织与利用现有资源和信息实现项目目标的过程。

推荐阅读